Monika Sausen

Bichon Frisé

Monika Sausen

Bichon Frisé

NEUMANN NEUDAMM

2. neu überarbeitete Auflage

© 2008 Verlag J. Neumann-Neudamm AG
Schwalbenweg 1, 34212 Melsungen
Tel. 05661-9262-0, Fax 05661-9262-20
www.neumann-neudamm.de, info@neumann-neudamm.de

Printed in the European Community
Satz/Layout: J. Neuman-Neudamm AG
Titel: Aus dem Archiv der Verfasserin
Druck und Weiterverarbeitung: Himmer AG, Augsburg
Bildnachweis: Die Abbildungen stammen aus dem Archiv der Verfasserin

ISBN 978-3-7888-1051-1

Inhalt

Vorwort

1997 verliebte ich mich in den Bichon frisé, leider war zu der Zeit kaum deutsche Lektüre über diese zauberhafte Kleinhunderasse erhältlich.Das WWW war für den Normalbürger weitgehend ein Fremdwort und reiner Luxus. Umfangreichere Rasseinformationen waren nur in englischer Sprache erhältlich. Der Wunsch der Bichon frisé Liebhaber nach mehr Informationen über Pflege, Pflegeprodukte, Geschichte, Aufzucht, Entwicklung, Erziehung dieses schönen Kleinhundes wurden im Laufe der Jahre immer lauter. Für Welpenkäufer aus unserer Zucht „Honey Dream's" verfassten wir eine über 50-seitige Bichon-frisé-Welpenfibel, davon hatten fremde Bichon-frisé-Käufer allerdings nichts. Somit schrieben wir im Jahr 2002 das erste deutschsprachige Bichon-frisé- und Bologneser-Buch für den Parey Verlag. Der Neumann-Neudamm Verlag gibt mir hier die Gelegenheit ein umfangreiches Rasseporträt nur über den Bichon frisé zu verfassen. In meinem Buch stehen besonders der Bichon-frisé-Welpe und Bichon-frisé-Senior im Mittelpunkt. Gerade über den älteren und ganz alten Bichon frisé gibt es bis jetzt keine Lektüre. Natürlich treffen die meisten Themen für alle Hunde, besonders für Kleinhunderassen zu. Kein Züchter kann garantieren das seine Welpen niemals krank und 20 Jahre alt werden. Aber Bichon-frisé-Welpen von streng auf Gesundheit und Rassestandard selektierten Elterntieren, aus seriösen kontrollierten Zuchten, haben die größten Chancen gesund alt zu werden. Mit steigender Beliebtheit des Bichon frisé wächst leider die Gefahr, dass die Rasse von rücksichtslosen Vermehrern und gewerblichen Hundehändlern ausgenutzt wird. Bei diesen Leuten steht nur der Profit im Vordergrund. Aufzucht, fachgerechte Ernährung, Prägung, Gesundheit, Rassestandard etc. interessiert diese Händler nicht. Zu „Billigpreisen" angebotene Bichon-frisé-Welpen ohne Ahnentafel oder aus dubiosen Quellen haben nach meinem Ermessen nicht mehr viel mit der Rasse gemein, weder im Wesen noch im äußeren Erscheinungsbild, schon gar nicht als erwachsener Bichon frisé. Die Gefahr, dass der Bichon frisé bald nicht mehr zu den robusten und gesunden Kleinhunderassen gehört, steigt. Machen Sie Ihre Augen und Ohren ganz weit auf. Welpen sind alle niedlich, der vermeintlich billige „Rassehund" kann im Nachhinein zum sehr teuren Mischling werden.

Natürlich kann auch kein seriöser Züchter seine Welpen verschenken, eine fachgerechte Hundezucht im eigenen Wohnumfeld kostet im Endefekt weit mehr, als sie einbringt. Ich hoffe, dass mein Buch dazu beiträgt, den charmanten unkomplizierten und lustigen Bichon frisé allen Hundefreunden näher zu bringen. Für Besitzer und Züchter möge das Buch gleichermaßen hilfreich sein und viel Freude beim Lesen bereiten.

Einmal eine Bichon frisé ... immer ein Bichon frisé

Schönwalde - Glien im Februar 2008
Monika Sausen
Bichon frise Zucht „Honey Dream´s"
www.bichons.de

Welche Rassen gehören zur Familie der Bichons?

Die F.C.I. ist die Weltorganisation der Kynologie, zurzeit erkennt sie 335 verschiedene Rassen an. Sechs Rassen sind von der Federation Cynologique Internationale (F.C.I.) als Angehörige der Bichon-Familie anerkannt. Bichon frisé (Bichon Teneriffè), Bologneser (Bichon Bolognais), Coton de Tuléar (Chien Coton), Havaneser (Bichon Havanais), Löwchen (Bichon Petit Chien Lion), Malteser (Bichon Maltais). Eine weitere Rasse gehört zu den Bichons, der russische Bolonka Zwetna.

Geschichte des Bichon frisé

Die tatsächliche Herkunfts- und Verbreitungsgeschichte des Bichon frisé ist bis zum heutigen Tag faktisch nicht nachzuvollziehen. Nur mit Hilfe alter Zeitungs- und Buchberichte etc. gelingt es, im universalhistorischen Rahmen, etwas Licht in die Vergangenheit und die Verbreitung der Bichonartigen zu bringen! In der gesamten Weltliteratur ist wiederholt von bichonähnlichen Hunden die Rede. Künstler aller Zeitepochen verewigten weiße Hündchen auf ihren Gemälden und belegen ganz eindeutig ihre Existenz. Ich spreche hier absichtlich nicht vom Bichon frisé! Den Bichon frisé, wie wir ihn heute kennen und lieben, gab es in altertümlichen Zeiten nicht. Sehr unterhaltend ist nach „Bichon" in der Kunstgeschichte zu suchen. Wer Interesse an alten Meisterwerken hat, sollte sich die Internetseite "The Bichon in Art" anschauen. http://bingweb.binghamton.edu/~eshephar/bichoninart/bichoninart.html. In vergangenen Tagen nannte jeder die Hunde, wie es ihm gefiel: Bologneser, Bichon, Malteser oder Pudel. Ihr äußeres Erscheinungsbild war nicht einheitlich. Sie hatten Steh- oder Hängeohren, lange oder kurze, gelockte oder glatte Haare, auch die Farbe war nicht immer weiß. Im Altertum zählte der Löwe zu den göttlichen Tieren, er wurde mit Macht und der Sonne gleichgesetzt. Bereits auf ägyptischen Reliefs sind Tiere mit geschorenem Fell dargestellt. Auch viele Hundertjahre später betrieben Menschen den Löwenkult. Kleinen Hunden rasierte man das Hinterteil, somit wurden sie zum Löwenhündchen.

Ein kleiner Streifzug durch das Schriftgut der Weltgeschichte veranschaulicht, wie lange Bichons in ihren Urformen bereits existieren.

Charles Darwin (1809-1882), der englische Naturforscher und Vater der Selektionstheorie, datierte das Bichongeschlecht auf 6000 Jahre v. Chr. Urkunden und schriftliche Überlieferungen aus dem Altertum (4000 v. Chr. - 700 n. Chr.) konstatieren, dass die Griechen, Römer und andere Völker kleine weiße Hunde als Haustiere hielten. Auf einer Statuette Ramses des II. (ca. 1200 v. Chr.) ist ein bichonähnlicher Hund gemeißelt. Sie wurden auf Vasen gemalt und sogar in römischen Grabmälern gefunden. Bei Ausgrabungen fand man ebenfalls römische Münzen mit Abbildungen bichonähnlicher Hunde. Sicherlich waren diese Zwerge den Herrschern und reichen Kaufleuten vorbehalten oder wurden den Damen des gehobenen Standes als Liebesbeweis überbracht. Kleopatra (69 - 30 v. Chr.), die ägyptische Königin vom Nil, Geliebte Césars und spätere Ehefrau Mark Antons, soll bereits Bichonartige in ihrem Palast gehalten haben.

Waren die alten Völker nicht mit ihren Schlachten und Eroberungen beschäftigt, suchten sie nach neuen Seewegen, zugleich auch nach Handelsrouten über Land, und trugen somit frühzeitig zur weiträumigen Verbreitung der Ur-Ahnen der Bichons in der damals bekannten Welt bei. Wahrscheinlich gelangten sie unter anderem als Kriegsbeute in den gesamten Mittelmeerraum. Nach alten Schriften schätzten Kaufleute die kleinen Hündchen als Tausch- und Zahlungsobjekte, sie wurden sogar in Gold aufgewogen. Kleine Schoßhunde waren über 2000 Jahre lang Ausdruck kulturellen Luxus. Irgendwann erhielten sie dann den Namen „Hund von Melita".

Bichon, Bologneser und Malteser gehören zweifellos zur selben Familie und vermischten sich. Auch wenn das äußere Erscheinungsbild nicht einheitlich war, handelte es sich immer um kleine zarte, meist weiße Hündchen. Das geht besonders aus dem Schriftgut der alten Griechen und Römer hervor.

Der griechische Philosoph *Aristoteles* (384 - 322 v. Chr.), Schüler Platons und Erzieher Alexander des Großen, schreibt in seiner „Tierkunde" über die Hunde von Melita, die bei ihm „küon melitaios" heißen:

Warum gibt es Zwerge oder Tiere, die sehr groß und sehr klein sind? Es gibt hierfür zwei Ursachen, der Ort und die Nahrung. Der Ort macht die Tiere klein, wenn er sehr beschränkt ist, wie zum Beispiel die kleinen Hunde, die in Wachtelkäfigen erzogen werden, der sie zwingt ihre Glieder einzuziehen und eng zusammen zu pressen. Was nun die Nahrung anbetrifft, so gibt es Kinder, die ebenso wie die Hunde von Melita, aus Mangel an Nahrung, obgleich sie vollkommen proportioniert sind, doch sehr klein bleiben.

Tertia

(168 v. Chr.), die Tochter von Aemilius Paulus, einem römischen Konsul und Feldherr, erzählt, dass
... die Trauer, die sich auf dem Gesicht ihres Vaters abspiegelte, als er sein Vaterland und seine Familie verließ, um gegen den König Perseus von Makedonien Krieg zu führen, nicht von dem Abschied hergerührt hätte, sondern von dem Tode seiner kleinen Hündin Persa, die soeben gestorben war.

Plutarch

(ca. 45 - 125 n. Chr.), griechischer Philosoph und Geschichtsschreiber, berichtete aus überlieferten Erzählungen:
Caesar (100 - 44 v. Chr.) römischer Politiker und Feldherr, Eroberer (unter anderen) Galliens und Britanniens, traf in Rom Fremde, welche zärtlich kleine Hunde auf dem Arm trugen. Er fragte sie ironisch, ob denn in ihrem Lande die Frauen keine Kinder hätten.

Martial

(ca. 40 - 102 n. Chr.), römischer Dichter von Epigrammen, schrieb in einem dieser:
Issa, war ohne Zweifel eine Melitäische Hündin.
Er hält ihr folgenden Lobgesang:
Issa ist anhänglicher als der Spatz des Catulus (römischer Dichter 84 - 54 v. Chr.); Sie ist reiner als der Kuß einer Taube; sie ist anziehender als alle jun-

gen Mädchen, Issa ist kostbarer als alle Geschmeide Indiens, wenn sie sich beklagt, glaubt ihr, sie spräche, sie fühlt die Trauer und die Freude ihres Herren, sie schläft an seinem Halse, ohne einen Seufzer hören zu lassen. Nichts gleicht der Verschämtheit dieser kleinen Hündin - sie kennt nicht die Freuden der Liebe, denn es hat sich nie ein Gatte gefunden, der einer so zarten Jungfrau würdig wäre.

Honey Dream`s Odina, Bes. Stiefel

In fast allen Fürstenhäusern, Burgen und Schlössern waren Schoßhündchen zuhause und als Gastgeschenke sehr geschätzt. Iwan III. der Große, Herrscher über das Moskauer Reich (1462-1505) heiratete die Nichte des letzten byzantinischen Kaisers, sie brachte ohne Zweifel die weißen Lockenhündchen nach Russland. Auch hier fanden sie unter den Adligen sehr schnell ihre Liebhaber. Noch heute wird dort ein Abkömmling des Bichon frisé, der weiße Bolonka Franzuska und der „bunte" Bolonka Zwetna gezüchtet.

Bereits im Mittelalter, zur Zeit der Burgen, Ritterfräulein, Minnesänger, Kreuzzüge, Hexen und Ritter gab es eine umfangreiche Formenfülle unter den Haushunden. Die Heimtierhaltung war unter Aristokraten und zum Teil beim Klerus sehr beliebt. Hinter dicken Klostermauern trösteten kleine Bichons die unglücklichen Damen der hohen Gesellschaft. Es wird erzählt, dass die klugen Hündchen als „Postbote" der Verliebten zur Außenwelt dienten.

Im Mittelalter existierten unter anderem malteserähnliche mit glattem Fell und bichonartige Hündchen mit lockigen Haaren. Dennoch, lediglich bei Jagdhunden gab es eine echte Rassenzucht. Die mittelalterliche Hundehaltung war von bissigen Gegensätzen geprägt. Genau wie ihre Herren, wurden gleichfalls deren Hunde Standesunterschieden unterworfen. Die zarten Schoßhündchen waren hauptsächlich bei den edlen Damen modern, während die männlichen Adeligen ihre Aufmerksamkeit den Jagdhunden und Falken zuwandten. Jagdhunde und Schoßhunde durften niemals dem gemeinen Volk gehören und waren hoch angesehen. Der Hund von einfachen Leuten wurde im Allgemeinen verachtet.

Das Spätmittelalter (ca. 1250 bis 1500) ist die Zeit des aufsteigenden Bürgertums und der Geldwirtschaft. Es gilt als das Zeitalter der großen Entdeckungen und Forschungen. Der Buchdruck wurde von Gutenberg erfunden. Kolumbus entdeckte Amerika, Da Gama den Seeweg nach Indien usw. Wie

Portrait „Mary-Barry" 1803/5 USA, von Stuart Gilbert

neue Kriegs- und Handelsrouten die wachsende Zivilisation beeinflussten, so beeinflussten sie gleichfalls das Schicksal der kleinen Bichons. Nach Entdeckungen und Eroberungen exotischer Länder erfolgte stets ihre Besiedelung durch die Konquistadoren. Die neuen Siedler brachten neben ihrer Kultur, Religion und Sklaven, ebenfalls ihre Haustiere mit, hierunter befanden sich zweifellos die Urahnen der Bichons. Im Gegenzug kamen aus den „neuen Welten" Gold, Silber, Kartoffeln, Tabak, Mais und exotische Tiere, somit auch unbekannte Hunde.

Durch territoriale Trennung konnten sich die Hunde langsam zu den Vorfahren der heute bekannten Bichon-Rassen entwickeln. Im Laufe der Zeit passten sie sich den veränderten Lebens- und Umweltbedingungen an, verpaarten und vermischten sich mit ortsansässigen Hunden und wurden später gezielt nach einem vom Menschen erschaffenen Vorbild gezüchtet.

Herr von Buffons (1707-1788), der französischer Naturforscher, versuchte die Entstehung der Lebewesen durch Urzeugung aus kleinsten Teilchen und ihre Entwicklung als Folge klimatischer Änderungen zu erklären **Buffon** sieht den Ursprung des Bologneser- oder Malteser-Hündchen im Spanischen oder Barbaren. Er schreibt: „*Die Temperaturen dieser Himmelsstriche verschafft allen Tieren längere, seidenartigere und feinere Haare, als diese in irgend einem anderen Lande bekommen.*"

Bereits das italienische Fürstengeschlecht „Gonzagas" (1328-1708) in Mantua soll bichonartige weiße wuschelige kleine Hunde gezüchtet haben. König Philip II. von Spanien erhielt vom italienischen Herzog d`Este ein Bichon-Pärchen geschenkt. Philip war darüber außerordentlich erfreut und bekundete*: „Es ist das königlichste Geschenk, welches man einem Kaiser anbietet!"*

Die reichen und mächtigen Medicis aus Florenz entwickelten sich zu großen Liebhabern der kleinen Lockenhündchen. Justus Sustermans (1597-1681), der offizielle Porträtmaler der Medicis, malte 1621 Maria Magdalena von Habsburg mit einem Lockenhund neben ihren Füßen. Auf einem Kinderbild von Maria de' Medici (1616-1676) drückt sie zärtlich einen Bichonwelpen an ihr Herz. 1622 wurde der gleiche Hund, ausgewachsen auf dem Porträt „Der Bologneser-Hund" verewigt. Die Macht der Medicis reichte weit, mit ausgewählten Douceuren sicherten sie sich die Gunst einflussreicher Herrschaften.

Sie erteilten ihren Nuntius die Order, acht kleine Bologneser nach Belgien zu schicken und an Auserlesene des Adels zu verschenken. 1380 verewigte der Meister von Sankt Gudula aus Brüssel einen Bichon fast wie er heute aussieht, in einer Beichtszene.

Im späten 14. Jahrhundert kam auch Frankreich unter den Einfluss der Renaissance. Ein Gemälde um 1505, vom königlichen Familienmaler Jean Bourdichon, zeigt den zukünftigen König Francois I. von Frankreich als Kind mit seiner Mutter Louise de Savoie, zu seinen Füßen liegt ein kleiner bichonähnlicher Hund. Vereinzelte Autoren kamen zu der Feststellung, dass der Bichon von Francois I. bei Hofe eingeführt wurde. Diese Aussage kann von mir nicht bestätigt werden; schon lange Zeit vor Francois I. gab es am französischen Hof Bichons, was ältere Gemälde eindeutig beweisen. Henry III. (Reg 1574-1589) von Frankreich soll ein besonders großer Anhänger dieser Hündchen gewesen sein. Er verehrte seinen Lieblingsbichon so sehr, dass er ihn, in einem Täschchen sitzend, an seinem Hals hängend ständig bei sich trug.

So wie die Herrschaften sich in diesen Tagen puderten und mit wertvollem Geschmeide herausputzten, so war es Mode Schoßhündchen zu pudern und zu parfümieren. Ihre zarten Öhrchen wurden mit Perlen und Edelsteinen verziert. Schleifchen und Samtbänder mit bunten Perlen und Türkisen geschmückt in ihre üppige Haarpracht geflochten. Je nach Novität bekamen sie das Hinterteil nach Löwenart geschoren. Die exzentrische Oberschicht überschüttete die kleinen Bichons mit übertriebener Fürsorge. Die Hündchen tummelten sich auf allen Hofbällen und vergnügten sich in den Schlossparks. Sie durften auf den wertvollen Brokatschleppen und Spitzenvolants ihrer Herrinnen sitzen und fungierten als lebendiges Spielzeug. Sie dienten den Damen als Zeitvertreib und zu ihrer Belustigung, sie waren verdammt, diese exzessive Liebe zu erdulden. Als reine Schoßhunde gewöhnten sie sich daran, immer lieb und gegen Menschen geduldig zu sein. Dem Bichon frisé von heute liegt diese Vergangenheit im Blut, er ist überaus freundlich zu allen Menschen und möchte seinem geliebten Menschen immer ganz nah sein. Bereits im 16. Jahrhundert galt England als Hochburg der Pferde- und Hundezucht. Aristokraten und die gehobene Gesellschaft hielten neben ihren Jagdhunderassen ebenfalls kleine Bichons. Elisabeth I. von England ließ sich 1580 sogar mit ihm porträtieren. Auch heute ist England das Eldorado der Hundezucht. Aber erst 1970 wurden die ersten Bichon frisé aus Amerika importiert. Mrs. und Mr. Sorteins besaßen offiziell die ersten Bichon frisé auf den Britischen Inseln. Der erste Wurf fiel 1974, nach Rava's Regal Valor mit Jenny - Vive de Carlise. . Zur Zeit der Renaissance in Europa (1480-1520) waren in Deutschland gleichfalls Bichonhündchen existent. Ein Gemälde eines unbekannten Künstlers aus dem Jahr 1480 mit dem Titel „Magie der Liebe" zeigt neben einer unbekleideten Schönheit einen kleinen weißen Lockenhund.

Conrad Gessner wurde am 26.3.1516 in Zürich als Sohn des Kürschners Urs Gessner geboren und starb 1565 an der Beulenpest. Gessner dokumentierte in seiner gewaltigen Enzyklopädie „Historia animalium" das gesamte zoologische Wissen seiner Zeit. Er schloss mit seiner Zoologie eine mittelalterliche Naturdeutung ab und begann eine neuzeitliche Naturwissenschaft. Zur „Historia animalium" gehört das 1214 Seiten umfassende *„Thierbuch"* von 1563, Bände 1 und 2 (Quadrupedes).Gessner beschrieb in seinem *„Thierbuch"* von 1563 bereits ausführlich die Schoßhündlein:

Es sind vor diesem auf der Insul Melita schöne, kleine und zarte Hündchen gebracht worden. So von gedachter Insul den Namen Melitenses auch behalten. Den unfertigen Schoßhündlein von den Franzosen aber „Chiens de Bononie (dieweil sie zu Bononien am meisten zu jetziger Zeit gefunden) genennet werden. Ihre Gestalt anbelangend sind sie so klein und zart, dass man sie in beiden Händen verbergen kann. Etliche haben lange, etliche haben kurze Haar und beschreiben sie etliche weiß und etliche schwarz.

Zu unserer Zeit werden die roth und weiße am höchsten gehalten und wird oft ein solch klein Hündlein ums große Geld von den Liebhabern erkauft. Dieweil sie den Frauenzimmern sehr angenehm sind. Damit sie aber recht klein bleiben, werden sie in enge Körbe eingeschlossen und mit zarten Speisen uffgezogen. Dann etliche nichts als Zuckerbrod und dergleichen vertragen können. Wann sie mehr als ein Junges tragen, müssen sie sterben. Dieweil die Langhärichte am meisten geliebet werden, legen die jenigen so ihnen warten an den Ort wo sie liegen aufs rauhe Fell, dass sie solches allezeit vor Augen haben mögen.

Magie und Aberglaube beherrschten das Leben und den Alltag der Menschen. Sie glaubten, dass die Größe der Hunde durch Einsperren in enge Käfige zu beeinflussen sei. Tragende Hündinnen legte man auf ein Schaffell, damit die Babys ebenfalls lange, lockige Haare bekamen. Der Hund galt als taugliches Tier um auf ihn, auf dem Wege der Approximation, die eigenen Krankheiten zu übertragen. Die Hündchen wurden auf den Kranken und Fiebernden gelegt. Verstarb der Hund dabei, galt das als Beweis, dass die Krankheit auf ihn übergewechselt war.

Im 18. Jahrhundert gab es bereits mehr als zwanzig verschiedene Hunderassen in Europa. Als Geschenke und Liebesbeweise der feurigen französischen Liebhaber und Verehrer an ihre schönen Damen waren Bichons sehr begehrt. Madame Pompadour (1721-1764), die Mätresse Ludwig des XV. erhielt einen dieser seltenen und kostbaren Hunde von einem klugen Abbé geschenkt. Er konnte sich diesen unter großen Schwierigkeiten, durch eine List in Florenz verschaffen. Als Dank hierfür erhielt er, wie erwartet, den Bischofshut.

Maria Theresia, Kaiserin von Österreich (1717-1780) und Mutter von 16 Kindern, besaß kleine Bichons, die sie heiß und innig liebte. 1710 wurde die erste europäische Porzellan-Manufaktur auf der Albrechtsburg in Meißen/ Deutschland eingerichtet. Einen Höhepunkt bildeten die Porzellanplastiken

Bolognerser Hund Kändler 1770 - Meissen

im Rokoko-Stil von Johann Joachim Kändler. Unter vielen anderen Kunstwerken fertigte er 1770 einen Porzellan „Bologneser-Hund". Er sieht meiner Meinung nach sehr bizarr aus und ist nicht weiß, sondern zweifarbig.

Katharina II. die Große (1729-1796), Kaiserin von Russland, bevorzugte unter anderem weiße Hündchen und schenkte ihnen stets ihre kaiserliche Huld. Die kleinen Bichonartigen waren durch alle Zeitepochen bei den Adeligen und Reichen überaus beliebt. Für das einfache Volk war das kostbare „Spielzeug" der Reichen und Mächtigen über viele Jahrhunderte unerreichbar geblieben.

Zu Beginn der Französischen Revolution im Jahre 1789 erfolgte, nach der Erstürmung der Bastille durch Pariser Volksmassen, die Abschaffung aller Feudalrechte. Mit der Bourbonenherrschaft endete gleichfalls das glanzvolle und behütete Leben des Bichon in Frankreich, er wurde zum „Jedermannshund". Wahrscheinlich haben ehemalige Dienstmägde einige Hündchen mit nach Hause genommen, um sie zu verkaufen, und retteten sie so vor dem Untergang. Die neuen Besitzer merkten schnell, wie anhänglich, schlau und gelehrig die kleinen, zarten Hunde waren. Somit wurde der Bichon u. a. für den Zirkus entdeckt, dort musste er allerlei Kunststücke vorführen. Nicht zuletzt machten Straßenmusikanten und Bettler mit dem reizend tanzenden Kobold gute Geschäfte. Schmutzig und vergammelt zog er mit seinen neuen Herren durch die Straßen. Es war eine schlimme Zeit, für Mensch und Hund. Somit ist es nicht verwunderlich, dass der Bichon weitgehend in Vergessenheit geriet.

Die andere Seite der Geschichte; der Bichon durfte endlich ein Hund sein. Er wurde nicht mehr mit „üblen" Parfumgerüchen umnebelt und durch übertriebene Pflegeattacken gequält. Behandelten seine neuen Besitzer ihn gut, hatten sie an dem Bichon sicherlich einen treuen Begleiter, der gerne sein Futter verdiente. Auch der Bichon frisé von heute ist ein lustiger, verspielter Kobold, ihm ist es egal, ob er sauber oder verschmutzt herumläuft, Hauptsache seine Menschen kümmern sich um ihn, und er darf sie begleiten.

Im zaristischen Russland hingegen wurden die Bichonhündchen weiter von den Damen der guten Gesellschaft geliebt, gehegt und gepflegt. Russische Poeten, u. a. Alexander Puschkin (1799-1837), beschrieben liebevoll den kleinen „Bolonki" in ihren Werken. Auch in der heutigen Zeit soll sich der Bichon frisé in Russland großer Beliebtheit erfreuen. Im Bi-Lexikon von 1985 aus der ehemaligen DDR, schreibt der Verfasser: „Der Bichon frisé hat in vielen Ländern, speziell in der UdSSR, begeisterte Anhänger."

Anmerkung: das Bi – Lexikon ist ein recht ansprechendes Hundebuch, aber die Rassebeschreibung des Bichon frisé ist sehr mangelhaft, bzw. falsch

Natürlich gab es im Amerika des frühen 19. Jahrhunderts auch schon kleine Bichons. Ein Porträt des amerikanische Malers Gilbert Stuart verewigte 1803 auf seinem Porträt „Mary Gilbert" mit ihrem entzückenden, sehr typischen Bichon-frisé-Welpen. 1952 wurden sieben Bichon frisé aus Frankreich nach Amerika exportiert, 1956 begann dort die aktive Zucht. Der Amerikanische Kennel Club (AKC) öffnete aber erst 1972 das Zuchtbuch für diese Rasse. 1973 wurde der Bichon frisé in den USA vollständig als eigenständige Rasse anerkannt. Mittlerweile ist der Bichon frisé in Amerika weit verbreitet und überaus beliebt, .

Nicht nur zufällig wurden immer wieder bichonähnliche Hunde auf Darstellungen alter Meister eingearbeitet. Es beweist vielmehr, wie sehr diese liebreizenden Hündchen in den gehobenen Kreisen geliebt, geschätzt und geachtet wurden.

Stammt der Bichon frisé wirklich von Teneriffa?

Der Guanchenhund

Teneriffa könnte für die Ur-Ur-Ahnen des Bichon frisé als erste Heimat angesehen werden. Radiokarbon-Analysen beweisen, dass Teneriffa von den Guanchen bereits ab 1000 bis 800 v .Chr. besiedelt wurde. Es handelte sich um eine planmäßige Besiedelung. Den Passatwind ausnutzend, brachten die Guanchen mit ihren Binsenbooten neben Saatgut auch ihr Vieh mit. Sie waren Hirten und Fischer, ihre Ernährung bestand hautsächlich aus Fleisch. Die Guanchen waren große Menschen, meist blauäugig und von heller Hautfarbe. Sie waren ein primitives Volk, hatten aber dennoch einen hochentwickelten Moralkodex, ehrten ihre Toten und mumifizierten sie. Guanchen-Mumien sind in Las Palmas und Madrid noch heute in Museen zu sehen. Warum sollen sie neben größeren Hunden, nicht ebenfalls kleine bichonartige Hunde aus ihrer

Honey Dream`s P`Iceprince, Bes. Hennig

Heimat, dem damaligen Europa und Nordafrika mitgebracht haben? Sollten die Guanchen wirklich aus dem nur 115 km entfernten Nordafrika gekommen sein, waren die ersten Bichons sicherlich nicht so voll behaart. Durch natürliche Selektion könnte das kältere, raue Klima am höchsten Berg Spaniens, dem 3718 m hohem Pico del Teide, zur dichten Fellbeschaffenheit des Bichon frisé beigetragen haben. Allein nur die widerstandsfähigsten Hunde überlebten und entwickelten im Laufe der Zeit ein wärmendes dichtes Haarkleid. Auch der heutige Bichon frisé wäre der ideale Haushund für kältere Bergregionen. Er ist treu wie Gold, gehorsam, klein, benötigt wenig Nahrung, ist zugleich kräftig, muskulös, sehr wachsam, ausdauernd und kann gut klettern. Kälte macht ihm nichts aus. Er verträgt sie gut.

Alle vergangenen Weltreiche hatten auf den Kanarischen Inseln geankert. Christoph Kolumbus machte dort Station auf seinen Entdeckungsreisen in die Neue Welt. 999 n. Chr. treibt der arabische Admiral Ben-Farroukh mit der kanarischen Urbevölkerung Handel. 1496 wurden die Inseln von der spanischen Krone einverleibt. Die Kanarischen Inseln haben eine bewegte Vergangenheit, selbst von Piraten und Sklavenhändlern sind sie nicht verschont geblieben. Mit diesen Hintergrundinformationen ist es gar nicht so abwegig, dass der Bichon frisé ursprünglich von Teneriffa stammen soll. Durch regen Handel oder kriegerische Auseinandersetzungen über Jahrhunderte, gelangten Bichon-frisé-artige Hunde aufs Festland und in fremde Länder. Wie schon gesagt, die Verbreitungs- und Herkunftsgeschichte des Bichon frisé ist reine Hypothese.

Bei meinen Nachforschungen fand ich einen alten Zeitungsartikel aus der „Zwinger und Feld", Jahrgang 1898, der bestätigt, dass Bichon-frisé-ähnliche Hunde auf Teneriffa bereits seit vielen Jahrhunderten Zuhause waren. Aus dieser Geschichte und dem zugehörigen Foto geht eindeutig hervor, dass es sich um einen bichon- und nicht malteserähnlichen Hund handelt.

Die Geschichte von dem kleinen Wollpudel „Lump"
(Auszug aus dem Originaltext)

Ein Freund von mir Dr. Hillebrecht, Rodenberg am Deister, ein Herr der die ganze Welt gesehen hat, brachte sich einen kleinen „Pudel" genannt Lump von der Insel Teneriffa der Canarischen Inseln und einen genau so aussehenden Bruder des Hündchen mit, den er in Antwerpen abgab. Er sah damals auch die Mutter der Hunde, die zweifellos der selben Rasse angehörte. Die Farbe des vor kurzen vergifteten Hündchens, seines Bruders und der Mutter war weiß, mit einem Ton ins gelbliche, also hell honigfarben.

Diese weißen, als Handelsobjekte geschätzte „kleine Pudel" stammen, wie mir Dr. Hillebrecht gütigst mitteilte, von den Abhängen des schneebedeckten Pico del Teide und werden von großen, stark gebauten Menschen - den Überresten der Guanchen - angeboten.

Die Hunde sind sehr kluge, aber sehr heftige, waghalsige und kühn unternehmende Hunde, die mit jedem anbändeln, aber geradeaus nach Germanennatur!
Diese Überreste, der in den Bergen wohnenden Guanchen besitzen und züch-

ten neben ihren großeuterigen Ziegen diese „Pudelrasse", von denen der Hund des Dr. Hillebrecht - obgleich ein Kind der Tropen, geboren 27 Grad nördliche Breite - vor allem die Hitze nicht ertragen konnte und sich im Sommer beim Spazierengehen alle Augenblicke langhin in den Langschatten eines Baumes legte, um sich abzukühlen und in den Gräben wühlte und im Winter kein größeres Vergnügen kannte, als sich stundenlang im dicken Schnee herumzutreiben, wie es wohl seine Antecedenten an den Schneehängen des Pico del Teide ebenfalls getan hatten.

Sind die Guanchen Überreste der Vandalen, so sind sie zweifellos von der Nordküste Afrikas nach den Canarischen Inseln gekommen und dann wäre der Zusammenhang zwischen ihren Hunden und dem früheren Melitaios gefunden und möglicherweise auch der, zwischen dem heutigen Malteser und dem Hunde der Guanchen.

Der Malteser hat allerdings eine lange, schlichte, seidige Behaarung, der Canarische Hund eine mehr krause, etwas strähnige, pudelartige. Es dürfte aber allgemein bekannt sein, dass seidige und harsche Behaarung sehr nahe verwandt miteinander sind. Wir brauchen nur an unsere Pinscher zu denken, die leicht einen weichen, seidigen Kopf bekommen und ebenso an die Griffons, von denen es sogar eine Rasse mit seidigem Fließ gibt, die besonders Herr Emanuel Boulet in Elbeuf züchtet. Herr Boulet schenkte vor einigen Jahren auch einmal einem französischen Präsidenten eine „seidene", aus den Haaren seiner Hündin gewebte Weste. Von drahthaarigen Griffons fallen nicht zu selten Welpen, bei denen Seidenhaar mit harschem Haar gemischt ist, kurz bei allen harschhaarigen Hunden hat der Züchter damit zu kämpfen, dass durch geeignete Zuchtwahl die harsche Behaarung erhalten bleibt und sich nicht bei den Nachkommen ins Gegenteil, der seidigen verwandelt. Auch hier berühren sich also die Extreme und es dürfte durchaus nicht schwer fallen, aus drahthaarigen Stamm, Hunde mit Seidenhaar zu züchten, wie es ja Boulet auch getan hat. Möglich ist nun aber immerhin auch, dass umgekehrt aus seidigen Haar, begünstigt durch klimatische Verhältnisse, eine rauhe Behaarung gezüchtet werden kann und wenn die Hunde der Vandalen in Afrika ein seidiges Kleid trugen, es an den schneeigen Abhängen des Pico del Teide harsch und strähniger werden konnte zumal ja sogar bei den Bolognesern, ein mit *dem Malteser fast identischen Hund, auch strähnenhaarige vorkommen, wie aus dem Bylandtschen Werke, in welchen Blanchette dieses Haarkleid trägt, hervorgeht. Der Malteser und der Guanchenhund haben in ihrem Körperbau sehr viel Ähnlichkeit. Daß sie aber in tausendjähriger Zucht in verschiedenen Klimaten und unter durchaus verschiedenen Lebensbedienungen schließlich in einigen Punkten, wie z.B. der Härte der Behaarung von einander abweichen, ist selbstverständlich.*

Nach der vorherigen Geschichte sollen erstmals auf Teneriffa Bichon-frisé-ähnliche Hunde gezüchtet worden sein. Wie es wirklich war, wissen wir nicht. Dem ungeachtet, die Bichon-frisé-Zucht wurde unter anderem, auch auf aus Teneriffa stammenden Hunden aufgebaut. Mit diesem Wissen erklärt sich seine erste Rassebezeichnung „Bichon Ténériffe" oder „Teneriffahund". Allerdings protestierten die Spanier gegen den Namen Bichon Ténériffe. Sie argumentierten, dass er genauso wenig von Teneriffa stammt, wie der Bologneser aus Bologna. So wurde der „Ténériffe" in Bichon à poil frisé umgetauft. Er gilt als Belgisch/ Französische Rasse, da dort die Wiege seines Zuchtbeginns steht.

Honey Dream`s Dancer on Ice und Honey Dream`s Penny Lane

Bichon frisé, Malteser, Löwchen, Havaneser, Bologneser?

Wundern Sie sich nicht, dass in der Bichon-frisé-Vergangenheit plötzlich vom Bologneser, vom Malteser oder vom Löwchen usw. die Rede ist. Überlieferte Daten verdeutlichen, dass die Rassen in älteren Tagen kaum Unterscheidungsmerkmale aufwiesen. Kurz gesagt: es handelte sich lediglich um kleine weiße oder farbige Hunde mit mehr oder weniger gelockten, langen oder kurzen Haaren und jeder, der Gefallen an ihnen fand, gab ihnen einen anderen Namen. Verfasser alter Hundebücher taten ihr Bestes, um bei der Rassebezeichnung der Bichons für Verwirrung zu sorgen. So wurde aus dem Malteser plötzlich ein Bologneser, der Bichon wurde auch Löwenhund genannt, und aus dem Havaneser machte man einen Bologneser usw. Da es sich um unwiederbringliche Zeitdokumente handelt, finde ich sie besonders schützenswert. So viel wie möglich, möchte ich in meinem Buch davon „sichern".

Hr. Götze beschreibt 1834 in seiner „Monographie des Hundes" eine Form des Seidenpudels, den er als Bologneserhund bezeichnet, „welcher in Deutschland fast gänzlich erloschen ist."
Er fügt hinzu, dass „die rechten Hunde dieser Rasse aus Bologna nach Deutschland kommen." Er schildert sie als bissig und falsch; ihre Behaarung sei so lang, dass sie fast den Boden berühre, der Kopf überall so dicht behaart, dass sie nur mit Mühe sehen können - die Rute lang gekrümmt und ebenfalls reich behaart. Halb geschoren werden sie „Löwenhunde" genannt.
August Neff, Verfasser aus Straßburg im Elsass, schreibt in der Zeitung „Sportblatt für Züchter und Liebhaber von Rassehunden" von 1905:
... der Schoßhundclub Berlin nimmt den Begriff Bologneser als Sammelnamen für den Malteser und den Havaneser, in dem er betitelt: ... Der Malteser auch Bologneser genannt.

August Neff selbst ist der Auffassung:
Heute sind allenthalben in Deutschland die Ansichten darüber geklärt, indem wir eben den Bologneser nicht als eigene Rasse mehr betrachten, sondern nur

als Sammelbegriff. Es würde sich jedoch meiner Meinung nach empfehlen, den Namen Bologneser vollständig fallen zu lassen, da er nur zu Mißverständnissen führt, die Zucht hemmt, die Liebhaberei verleidet und den Preisrichter zum Selbstmord treibt.

Weiter schreibt er:

Die Malteser wurden vor allem in Bologna (Italien) gezüchtet. Wir wollen darum diese Gelegenheit benützen, um nochmals zu betonen, dass der Bologneser als eigene Rasse mit eigenen Rassepoints unhaltbar geworden ist.

Ilgner schreibt 1902 in seinem Werk „Die Gebrauchs- und Luxushunde":

... die Farbe des Bolognesers ist weiß, gelb, schwarz, grau; man findet sie in allen Schattierungen.

Dr. T. Haltenorth protokolliert über den Malteser:

Herkunft nicht mehr zu klären, andere Namen für ihn sind Bologneser, Havaneser, Angora-Manila-Hund. Die Franzosen nennen ihn Bichon und unterscheiden nach kleineren Behaarungsabweichungen gleich vier Schläge: den Bichon maltais, Bichon havanis, Bichon bolognais und den kraushaarigen Bichon à poil frisé oder Chien lion oder Ténériffe.

Schneider Leyer schreibt 1960 in „Die Hunde der Welt":

Teneriffe: Widerristhöhe unter 30 cm, Gewicht unter 5 kg, Haar wollig gekraust, weder flach noch gedreht, 7-10 cm lang, Farbe weiß, zarte Flecken in beige oder dachsgrau besonders an den Ohren gestattet. Falls Haar löwenartig frisiert = Löwenhündchen."

Hier ein Zitat des damaligen Generalsekretärs der FCI **Hr. Houtard** aus dem Jahr 1930, welches eine sehr gut nachvollziehbare Interpretation der Abstammung des Bichon frisé wiedergibt. In seiner Abhandlung über die kontinentalen Wachtelhunde schreibt er:

„Die Kreuzung des Spaniels (spanischer Zwergwachtel) mit dem Zwergpudel hat neue Abarten geschaffen. Die erste Mischung hat den Bichon hervorgebracht. Der Spaniel gab ihm seinen Körperbau, seinen kleinen Wuchs, seine

feinen Füße, seine Rute, getragen in Form eines Jagatan (gekrümmter Tür-
kensäbel) und seine spitz zulaufende Schnauze.
Der Pudel gab ihm seine hoch angesetzten Ohren und besonders das Haar-
kleid, das Oberkopf und Schnauze schmückt.
Kurz gesagt: Pudel, Bichon, Bologneser sind enge Verwandte.

Auszug aus „Der Hund" von 1934

In den frühen 1930er Jahren nennen die Franzosen den Bologneser Bichon à
poil frisé, das heißt „Schoßhündchen mit gekräuseltem Haar".
Es gab eine Zeit, wo in der Klasseneinteilung der Rassen auf den Ausstellungen
in Frankreich und Belgien auch eine Klasse für „Teneriffahunde" bestand.
Diese Klasse war ein Gemisch von Zwergpudeln, von Maltesern, Havanesern,
Bolognesern, von irgendwelchen Hunden mit langem Haar, seidig oder gekräu-
selt und genügend mit Fehlern versehen, so dass sie in den Klassen der Pudel,
Malteser, Havaneser oder der Bologneser nicht ausgestellt werden konnten.
Die FCI veranlasste eine Untersuchung der sogenannten „Teneriffahunde".
Der Beschluss der FCI aus diesen Tagen sagt, dass der Teneriffahund keines-
wegs als Rasse in Frage kommt, und falls auf der Insel Teneriffa wirklich Hunde
mit langem, seidigen oder gekräuselten Haar vorkommen sollten, sie nicht als
bestimmte Rasse, weder im Körperbau noch in der Haarfarbe anzusehen sind.
Die FCI ließ alle Beteiligten wissen, dass die Klasse der „Teneriffahunde" zu
streichen wäre.

In der Schweiz dachte man weitherziger:

... Bei einer Ausstellung in Genf im Mai 1934 wurden unter den Katalognum-
mern 532 und 533 zwei „Teneriffahunde" ausgestellt.
Indessen gäbe es weiterhin sowohl in Frankreich wie in Belgien, Spanien und
Italien Hunde mit kleinem Körperwuchs mit langem, seidigen oder gekräusel-
ten Haar, deren Besitzern und Züchtern man nicht die Freude rauben sollte,
sie auf Ausstellungen zu zeigen.
Man gab daher diesen Hunden den Namen „Bichon à poil frisé".

Der Ausdruck „Bichon" ist nach Ausführungen im Pariser „L Èleveur" sehr alt. Das Wort Bichon ist eine Verkleinerung von „barbichon", ein Name, mit dem früher der kleine Pudel bezeichnet wurde. Der Bichon ist also eigentlich ein Zwergpudel.

Man darf nicht vergessen, dass bei vielen Rassen drei Größenarten bestehen: die große, die mittlere sowie die kleine oder Zwergart. Selbst bei den Schnauzern, die der Ursprungskreuzung von pudelartigen Hunden mit glatthaarigen Pinschern entstammen.

Und hier haben wir: le barbet (großer Pudel), le caniche (mittlerer Pudel) und le bichon = barbichon (Zwergpudel).

Heute gibt es diese verwirrenden Rassebezeichnungen nicht mehr, jedes Mitglied der Bichonfamilie ist eigenständig, besitzt einen rassespezifischen Standard und trägt seine von der FCI anerkannte Rassebezeichnung. Der Bichon frisé heißt offiziell: Bichon à poil frisé und gehört zur FCI -Gruppe 9

Wie eine Hunderasse entsteht - Inzucht

- Zum Schmunzeln - Mme. Schlumberger beschreibt die Entstehung des Bichon frisé sehr poetisch:

So könnte man im Bichon ein Kleinod sehen, dass jede Zivilisation hervorbrachte, ja hervorbringen mußte. Ungewollt, unbewußt, einfach als Anpassung an schöne Hände, Spitzenvolants, Perlenschnüre, Kameen und zarte Gefühle. Seine Historie deckt sich mit der Entstehung und der Geschichte der „Dame". Der „Dame" aller Zivilisationen und aller Länder. Und je nach Zeit, Klima, Mode und Geistesströmung verwandelte er sich nach Damenart, wechselte er die Haarfrisur, Robe und Ideen.

Aber bleibend ist sein leidenschaftliches, sein zerbrechliches Herz, sein interessierter Blick, sein immer vornehmes Auftreten, sein charmantes, unerwartetes Antworten, seine geistreiche Konversation. Und, wie die „Dame" ist er nur noch selten, sehr selten anzutreffen...

Leider fehlt uns die lyrische Ader der Mme. Schlumberger, wir können die Entwicklung zu den einzelnen, unterschiedlichen Bichonrassen nur nach nüchternen Erwägungen erläutern: Es kam zu einer natürlichen Selektion der Hunde, sie passten sich somit an die jeweils herrschenden Umweltbedienungen an und konnten letztendlich überleben. Geographische Barrieren, wie Wasser, Gebirge, Klimazonen führten zu isolierten Entwicklungsvorgängen mit dem Ergebnis, dass sich neue Rassen ausbilden konnten. Dann kam der Mensch ins Spiel, er betrieb eine künstliche Selektion, also eine gezielte Vermehrung von unterschiedlichen gut angepassten, artgleichen Individuen. Hundezüchter, welche ein bestimmtes Bild „ihres" Hundes vor Augen hatten, sei es die Fellbeschaffenheit, der Körperbau oder der Verwendungszweck (z.B. Jagdhunde, Schäferhunde, Schutzhunde, Schoßhunde usw.), erreichten ihr Ziel mit der Verpaarung verschiedener Hunde mit eben diesen bevorzugten Merkmalen. Durch viele weitere Inzucht-Verpaarungen der Abkömmlinge aus den ersten Generationen beschleunigte man, aufgrund schneller Zunahme der gewünschten Erbeigenschaften, die Bildung „erbreiner" Stämme. Die Inzucht ist daher von großer Bedeutung im Zuchtgeschehen, sie trägt jedoch auch die große Gefahr von Schädigungen in sich. Das heißt, unerwünschte erbliche rezessive (verdeckte) Anlagen können verstärkt werden und schließlich offensichtlich in Erscheinung treten!

Vorfahren und Abstammung des Bichon frisé

Stammtafel der Hunderassen von 1772 von Buffon

Der Kleinpudel soll aus der Verbindung eines großen Pudels (Canis aviarius aquaticus) mit dem kleinen spanischen Wachtelhund (Canis aviarius terrestris) entstanden sein, beide gehören zu den Jagd- und Spürhunden. Der glatt- und seidenhaarige, meist weiße Wachtelhund war angeblich wasserscheu, der Pudel mit seinem gekräuselten Haar soll das Aufstöbern von Enten im Wasser geliebt haben.

Honey Dream`s Daisy

Honey Dream`s Fina 4 Monate

Spanischer Wachtelhund:

Diese Hunde haben einen kleinen runden Kopf breite hängende Ohren dürre kurze Schenkel und einen in der Höhe stehenden Schwanz.
Ihr glattes Haar ist an unterschiedlichen Stellen teilen des Körpers von sehr ungleicher Länge. An den Ohren, am Hals, an den Hinterbeinen, Pfoten, und auf dem über den Rücken geworfenen Schwanz hat es eine vorzügliche Länge. Viel kürzer ist es an den übrigen Teilen des Leibes. Die meisten Wachtelhunde sind überall weiß! Die Schönsten haben auf dem Kopf eine andere, braun oder schwarze Farbe und ein weißes Zeichen an der Schnauze und mitten auf der Stirn. Gemeinlich pflegen die schwarze und weiße spanische Hunde mit einem falben Fleck unter den Augen bezeichnet zu sein. Die Barbaren und Spanien sind eigentlich das Vaterland dieser Hunde. Sie gehören unter die Lieblinge vornehmer Leute.

Bichons wiederum sollen Abkömmlinge des kleinen Pudels und zugleich des kleinen spanischen Wachtelhundes sein.

Buffon schreibt in seiner „Naturhistorie der Vierfüßigen Tiere" Band I von 1772 über den Malteser oder Bologneser:

Das Malteser- oder Bologneserhündchen (Canis melitensis, Franz. Bouffe, Bichon, Chien de Malthe) hat, als ein doppelter Blendling (Bastard) seinen Ursprung einem kleinen Wachtelhund und einem kleinen Pudel zu verdanken. Vor einiger Zeit waren diese Zwerge sehr in Mode. Man beförderte ihre Kleinheit dadurch, dass man sie jung mit Brandwein wusch, und ihnen wenig zu Fressen gab; daher sie zuweilen die Größe der Eichhörnchen kaum übertrafen, und von den Frauenzimmern, als Favoritschen, in den Muffen getragen wurden.

Vom kleinen Pudel scheinen die Schnauze, vom spanischen Wachtelhund das lange glatte Haar über den ganzen Leib zu haben; daher man ihnen auch im Französischen den Namen „Bouffe" gab. Sie heißen auch Malteserhunde, weil die ersten dieser Art aus Maltha gekommen waren. Allem Ansehen nach haben sie die Figur des Körpers, das Haar und die Farbe von den Rassen des Pudels und spanischen Wachtelhundes

Die Zucht des Bichon frisé beginnt

Nach Überlieferungen soll der Bichon frisé sein heutiges Erscheinungsbild und den Zuchtbeginn einem Franzosen, der um 1924 eine bichon-ähnliche Hündin von der Insel Teneriffa nach Frankreich brachte verdanken
Auf diese Hündin, die von dem Australier Peter Erden Teyde genannt wurde, baute sich die französische Zucht des Bichon frisé auf. Teyde soll die Stammmutter aller heutiger Bichon frisé sein. Natürlich waren weitere Bichon-frise-Artige beteiligt, leider gibt es kaum Aufzeichnungen aus den frühen Anfängen. Eine Handvoll an diesem süßen Kleinhundtyp interessierten Züchter verpaarten aus verschiedenen Teilen der Welt und weitere aus Teneriffa stammende Hunde mit ähnlichen Kennzeichen. Man wendete das Prinzip der Inzucht an. Die Nachkommen wurden begutachtet und mit dem „Wunschbild"

Honey Dream`s O´Dina

Honey Dream`s Sahra my first Lady

verglichen. Die dem Zuchtziel am ähnlichsten Hunde wurden wieder miteinander verpaart. Nur den engagierten Züchtern der späten 1920er Jahre ist zu verdanken das es den heutigen Bichon frisé gibt.

Mme. Bellote gründete den langjährigen erfolgreichen belgischen „Milton-Zwinger". Ihre ersten Bichon frise wurden 1929 geboren. Um eine Hunderasse als rassereine zu bezeichnen, müssen mindestens vier Generationen von dem gleichen Rassetyp vorhanden sein. Der erste Wurf im Milton-Zwinger wurde 1929 registriert, der letzte kam 1967 zur Welt.
1932 war es endlich so weit, im belgischen Zuchtbuch wurden diese neugezüchteten Hunde unter dem Rassenamen „Bichon Ténériffe" registriert. Im März 1933 gab die FCI den ersten offiziellen Standard für den Bichon frisé heraus. Er wurde unter der Mitwirkung einiger, an der Rasse sehr interessierter Züchter aus Frankreich und Belgien und von der damaligen Präsidentin des französischen Schoß- und Zwerghunde Vereins, Madame Bouctovagniez erstellt.

Namensgebung

Auf der Suche nach einem passenden Namen schlug Mme. Bouctovagniez aufgrund seines flauschigen Aussehens, den Namen „Bichon à poil frisé", was so viel wie „gelockter Schoßhund" bedeutet, vor. Ihr Vorschlag wurde angenommen, aus dem „Bichon Ténériffe" wurde der Bichon à poil frisé. Ab 1934 führte ebenfalls das französische Zuchtbuch den Bichon à poil frisé.

Der Bichon frisé kommt nach Deutschland

Auf die deutsche Zucht hatte die belgische Milton-Linie ebenfalls ihren Einfluss. „Bellot of Milton" WT 24.02.52 war der Vater der ersten nach Deutschland importierten Hündin „Dodine de Steren Vor", die als direkter Nachkomme aus den Anfängen der Bichonzucht nach Deutschland kam. Die ersten Bichon frisé für die Zucht kamen 1955 aus dem schönen Frankreich nach Bremen, zu Tilly Machatius. Fälschlicherweise wurden die beiden Franzosen nicht unter ihrer Rassebezeichnung Bichon à poil frisé, sondern unter Bologneser, im ersten Zuchtbuch des VDH/VK nach dem zweiten Weltkrieg 1955 registriert. Sie erhielten die Eintragungsnummern 736 und 737.

Mit der Hündin „Dodine de Steren Vor" (Wurftag 01.05.1954, Eltern: Bandit de Steren Vor x Altesse d´Egriselles) von Mme. Abadie und dem Rüden „De Gourdi de la Valmasque" (Wurftag 24.06.1954, Eltern: Bilboquet of Milton x Amarante de la Croix d´Augas) von Mme. Schlumberger begann die deutsche Zucht.

Der erste Bichon-frisé-Wurf kam am 18.01.1956 im Zwinger „Vom Markussee" nach den oben genannten Hunden zur Welt. Er bestand aus vier Welpen - Amigo, Aimée, Anette, Alerte. Der zweite Wurf mit vier Rüden und einer Hündin wurde nach denselben Eltern am 03.10.56 geboren. Wie schon die Eltern wurde auch ihr Nachwuchs wieder „nur" als Bologneser ins Zuchtbuch eingetragen. Frau Magdalene Brunner aus Kassel kaufte „Dodine de Steren Vor" und „De Gourdi de la Valmasque" für ihren Zwinger „vom Lindenhaus" von Fr. Machatius. „Dodine de Steren Vor" war zu diesem Zeitpunkt als erste ihrer Rasse bereits Weltsiegerin.

Erst am 23.10.1960 fiel im Zwinger „vom Lindenhaus" der nächste deutsche Bichon-frisé-Wurf. Genau wie die zwei vorherigen Würfe wurden auch diese vier Rüden und zwei Hündinnen „nur" als Bologneser ins Zuchtbuch eingetragen. Allerdings erhielten sie den wichtigen Zusatz „Bichon frisé" in Klammern. „Dodine de Steren Vor" und ihr Lebensgefährte „Degourdi de la Valmasque" entwickelten sich zu „Wanderhunden", sie wurden ein drittes Mal verkauft, von Fr. Brunner an Herrn Forthmann aus Bremen. Die beiden waren somit wieder in der Stadt angekommen, in der sie vor sechs Jahren ihre Ankunft aus Frankreich feierten. Ab 1962 wird der Bichon frisé mit korrekter Rassebezeichnung im Zuchtbuch des VDH/VK geführt. Der erste Wurf als Bichon frisé (zwei Rüden, drei Hündinnen) kam am 02.07.1962 im Zwinger „Vom Goldfischbrunnen" von Herrn Forthmann zur Welt.

Im Jahr 1979 kam erstmals ein Bichon frisé aus England nach Deutschland zu Frau Scholz aus Hamburg. „Leander Snow Holly" war der erste Bichon frisé, der „gestylt", nach englischer Art, auf einer deutschen Ausstellung vorgeführt wurde. Die Aufregung war groß. Ein heftiger Streit entbrannte, Gegner und Befürworter des Bichon-frisé-Haarschnitts lieferten sich einen heftigen Schlagabtausch, der bis in unsere Zeit hineinreicht. Auch heute sind Showrichter verschiedener Ansicht. Einer bevorzugt die langhaarigen, ein anderer die extrem kurzhaarigen Bichon frisé, wie die Skandinavier sie vorstellen. Über eins sind sich aber mittlerweile alle einig, nur ein im Haar geschnittener Bichon frisé, ist ein attraktiver Bichon frisé.

Die drei ersten Bichon frise in Deutschland wurden irrtümlich als Bologneser ins Zuchtbuch des VDH/VK eingetragen

Gab es den Bichon frisé in der ehemaligen DDR?

Zu der deutschen Bichon-frisé-Geschichte gehört natürlich auch die ehemalige DDR.
Es ist bekannt, dass der Bologneser, Bolonka franzuska genannt, in der DDR bevorzugt gezüchtet wurde. Aber wie sah das mit dem Bichon frisé aus?

Ein Zeitzeuge berichtet:

Herr Hähnchen aus Weißenfels, der den Bologneser Zwinger „von den Partisanen" besaß, erzählte. Sein erster Wurf fiel in den frühen 1980er Jahren, er züchtete ausschließlich mit russischen Tieren. Sobald die Würfe geboren waren, wurden sie von einem Zuchtwart des VKSK begutachtet. Die jeweiligen Hauptzuchtwarte entschieden dann, welche Rassebezeichnung die Welpen erhalten sollten. Herr Hähnchen besaß eine russische Bolonka franzuska Hündin, deren Nachkommen aus vier verschiedenen Würfen immer andere Rassebezeichnungen erhielten. Der erste Wurf wurde unter Bolonki, der zweite Wurf unter Bologneser, der dritte unter Bichon frisé und der vierte als Bolonka franzuska, in das Zuchtbuch des VKSK eingetragen.
Später einigte man sich nur noch auf Bolonka franzuska, für alle in der DDR geborenen Welpen des Bolognesers.

Ein weiterer Zeitzeuge Hr. Dr. Kurz berichtete:

Einige Züchter der ehemaligen DDR wollten den russischen Bolonka franzuska nicht als Bologneser gelten lassen. Vielmehr sollte dieser kleine Hund, wegen seinem äußeren Erscheinungsbild und seinem Namen - Schoßhündchen aus Frankreich - vorzugsweise als Bichon frisé registriert werden. Aber die Leitenden im Zuchtausschuss ließen diese Meinung nicht gelten. Zumal in den Würfen beim Bolonka franzuska auch oftmals zweifarbige Welpen geboren wurden. Diese bunten Bologneser nannte man in der DDR Bolonka zwetna.
Fazit: es gab den Bichon frisé in der DDR, jedenfalls dem Namen nach.

Bichon frise Welpen 14 Tage alt

Ch. Honey Dream`s Nico,
Bes. Hilde Schneider

Honey Dream`s Bellamy

WARUM ein Bichon frisé?

Ist der Bichon frisé für UNS die richtige Rasse?

Diese Frage sollten sich alle stellen, die sich für eine bestimmte Hunderasse interessieren. Alle rechtschaffenen Züchter, die nur das beste Zuhause für ihre Welpen suchen, werden ihnen ausführlich und geduldig Auskunft über ihre Rasse geben. Hundehändler oder windige Schwarzzüchter (züchten und verkaufen Hunde mit dubiosen oder gar völlig ohne Ahnentafeln) interessiert nicht, wer die Welpen kauft.

Jede Rasse hat unterschiedliche Charakteristiken sowie genetisch bedingte Eigenarten. Ein Shih-Tzu ist nicht geeignet für sehr sportliche Menschen, die mit dem Hund z.B. joggen wollen. Tierheime und Verkaufsannoncen in Tageszeitungen und Hundemagazinen sind voll von gescheiterten Hund-Mensch-Beziehungen.

Überlegen Sie vor dem Kauf eines niedlichen Welpen, ob diese Rasse wirklich zu Ihnen und Ihrem Lebensstil passt. Sie ersparen sich und dem Hund viel Leid.

Noch komplizierter kann es werden, wenn Sie einen netten Mischlingswelpen anschaffen. Mischlingswelpen sind wahre Wundertüten, weder die endgültige Größe, Veranlagung noch der Charakter sind mit Bestimmtheit vorauszusagen. Meist haben sich mehrere Rassen oder deren Mischlinge vereinigt, Überraschungen sind vorprogrammiert. Das echte Wesen und Charakter des Kleinen zeigt sich definitiv erst, wenn er erwachsen ist. Das Argument, dass ein Mischling gesünder ist als ein Rassehund, ist ein Ammenmärchen, zumal man nicht weiß, welche Rassedispositionen der Mischling trägt. Rassedisposition nennt man die Veranlagung bestimmter gesundheitlicher Probleme oder Erkrankungen zu der eine Rasse verstärkt neigt.

Der Bichon frisé ist ein kontaktfreudiger, überaus anhänglicher Familienhund, der mit seinen geliebten Menschen in enger Hausgemeinschaft leben möchte. Seine Ururahnen mussten wahrscheinlich niemals irgendwelche unangenehmen Aufgaben, wie z.B. das Haus von Ratten und anderem Ungeziefer freizuhalten, erfüllen. Seinen Herren diente er allenfalls als bellender Bewegungsmelder, Spielgefährte, Bettwärmer und dergleichen. Die Vorfahren unserer heutigen

Bichon frisé waren über Jahrhunderte hinweg reine Schoß- und Gesellschafts-hündchen, die unverhältnismäßig verhätschelt wurden. Für meine Begriffe war das Ertragen dieser exzessiven „Liebe" für den Hund Schwerstarbeit. Er war gezwungen, sich an den Menschen und sein Verhalten eng anzupassen. Infolge-dessen wird verständlicher, warum der Bichon frisé so viel Geduld und Liebens-würdigkeit für Menschen und Tiere aufbringt.

Haben Sie sich für einen Bichon frisé entschieden, muss sich jedermann in der häuslichen Gemeinschaft wohl fühlen, die gesamte Familie UND der Hund. Alle Familienmitglieder leben in engem Kontakt mit dem kleinen Wirbelwind. Lehnt nur ein Mitglied den neuen Hund ab, leiden alle darunter. Der Familienfrieden ist gestört, wer bleibt da wohl „auf der Strecke" und muss wieder gehen?

Für wen ist der Bichon frisé der ideale Begleiter?

Der Bichon frisé ist für alle geeignet, die seine Eigenschaften als positiv emp-finden und ihm ein angenehmes Zuhause mit liebevoller Betreuung und für-sorglicher Pflege bieten können.

Eltern, die ihre Kinder zu einem verantwortungsvollen und umsichtigen Um-gang mit dem Bichon-frisé-Welpen anhalten, werden viel Freude an den zwei und vierbeinigen Freunden haben. Seine geliebten Menschen möglichst über-all hin begleiten, schmusen, spielen, spazieren gehen, gutes Futter und sonstige kleine Vergnügungen, mehr braucht ein Bichon frisé nicht. Hauptsache er kann Frauchen und Herrchen seine ganze Liebe zeigen und mit Hundeküsschen überschütten, dann schläft er mit Ihnen zur Not auch unter einer Brücke.

Ein eigener Garten wäre natürlich schön, aber nicht nötig. Der Bichon frisé lebt auch gerne in einer Wohnung mit Ihnen zusammen, solange er Möglich-keit zur ausreichenden Bewegung hat. Der Bichon frisé ist ein idealer The-rapiehund, durch seine fröhliche, charmante und feinfühlige Art bereitet er einsamen, kranken oder behinderten Menschen viel Spaß.

Fünf von unseren Honey-Dream's-Welpen sind als Therapiehunde in Alten- und Behindertenheimen im Einsatz. Wir haben die Welpen von Anfang an auf ihre spezielle Aufgabe vorbereitet. Es gab bisher keinerlei Probleme, die fünf meistern ihre schwere Aufgabe mit Bravour.

Pfiffig, verspielt, zugleich sehr anpassungsfähig, sensibel und gehorsam, mit diesen positiven Eigenschaften wickelt der Bichon frise schnell seine geliebten Menschen um die kleinen Pfoten.

Für wen ist der Bichon frisé nicht geeignet?

* Der Bichon frisé ist **nicht** für Menschen geeignet, die den ganzen Tag acht oder zehn Stunden aus dem Hause sind oder ihn ständig viele Stunden alleine lassen.
* Er ist ein sehr geselliger Hund, doch drei bis vier Stunden kann er sicherlich gut alleine aushalten. Das Hündchen wird sich daran gewöhnen und verschläft die Wartezeit.
* Der Bichon frisé ist **nicht** für ruppige, grobe Menschen geeignet, die ständig in einem Kasernenton herumbrüllen.
* Er ist leicht zu erziehen und gehorsam, seine Ohren funktionieren prima. Grobheiten jeder Art sind unnötig und kränken ihn.
* Der Bichon frisé ist **nicht** für eine Zwingerhaltung geeignet.
* Als Haus- und Familienhund ist der Bichon frisé unschlagbar, er fühlt sich am wohlsten, wenn er ganz nah mit seiner Familie leben kann.
* Der Bichon frisé ist **nicht** für Leute geeignet, die einen Schutzhund suchen.
* Er ist ein guter Wächter, aber kein Dauerkläffer. Der Bichon meldet Fremdes zuverlässig, wird aber nie wirklich gefährlich reagieren.
* Der Bichon frisé ist **nicht** geeignet für Kinder, die ihn nur als Spielzeug missbrauchen, ständig an ihm herumzerren, in die Augen picken, am Schwänzchen ziehen, oder kneifen.
* Der Bichon frisé liebt Kinder und ist ihnen ein zuverlässiger und verträglicher Freund, er versteht nicht, warum er so schlecht behandelt wird. Gegen rücksichtsloses, derbes Verhalten kann ein Bichon-frisé-Welpe sich nicht wehren, er ist viel zu liebevoll und nachsichtig. Im Endeffekt hat er nur noch Angst vor dem Kind, die beiden werden mit Sicherheit keine Freunde. Der ausgewachsene Bichon frisé wird sich gegen dieses ständige Fehlverhalten des Kindes, unter Einsatz seiner kräftigen Zähne, zu wehren wissen. Wer bekommt dann wohl eine Strafe? Das ungezogene Kind sicher nicht!

- Der Bichon frisé ist **nicht** für nachlässige Menschen geeignet, die ihren Hund nicht regelmäßig kämmen und bürsten wollen.
- Sein weißes, dichtes Wollhaar erfordert regelmäßige Pflege, ebenfalls die Augen, Ohren usw. Etwa alle acht bis zehn Wochen ist ein Haarschnitt fällig. Ein Vollbad ist ca. alle drei bis vier Wochen angebracht.
- Der Bichon frisé ist **nicht** für Leute geeignet, die ungern mit ihrem Hund kuscheln und keine Hundeküsschen ertragen.
- Er ist ein sehr anhängliches, zärtliches Hündchen, naher Kontakt mit seinem geliebten Menschen ist ihm ein Grundbedürfnis.
- Der Bichon frisé ist **nicht** geeignet für Menschen, die keinen „Schatten" neben sich dulden.
- Als treuer Begleiter folgt er seinen geliebten Menschen, wenn möglich auf Schritt und Tritt.
- Der Bichon frisé ist **nicht** für Putzteufel geeignet, die kein Stäubchen in der Wohnung dulden und daran verzweifeln.
- Der Bichon frisé haart nicht, das wird jede Hausfrau freuen. Jedoch bringt er durch sein dichtes, lockiges Haar an den Beinchen vor allem bei nassem Wetter vermehrt Schmutz in die Wohnung. Sind seine Beine und der Bauch stark verschmutzt, hilft einfaches Abbrausen mit klarem, warmem Wasser. Haare trocken drücken (nicht rubbeln), eventuell trocken fönen, ausbürsten, schon ist er wieder sauber. Bei trockenem Wetter bürsten Sie nach dem Spaziergang den Sand einfach mit der Drahtbürste aus. Gewöhnen Sie Ihren Bichon-frisé-Welpen frühzeitig an einen festen Platz, so bleibt der Schmutz in diesem Bereich liegen und Ihre Wohnung sauber. Mit einem Staubsauger ist schnell alles wieder picobello.

Das Bichon-frisé-Porträt

Kleine Schönheit mit lieblichem Charakter und anziehenden Charme

Der Bichon frisé ist ein unvergleichbar liebenswürdiger und zutraulicher kleiner Begleithund, ein echter Herzensbrecher. Sein weiches Fell verleitet, ihn ständig knuddeln und streicheln zu wollen. Er lässt sich dieses sehr gerne und ausgiebig gefallen, auch wird der kleine Charmeur immer wieder versuchen seinen geliebten Menschen zum Schmusen zu animieren. Sein pfiffiges Köpfchen, seine schnelle Auffassungsgabe und Herzlichkeit, gepaart mit rassetypischer Schönheit, machen ihn zu einer bemerkenswerten kleinen Hundepersönlichkeit mit zauberhaften Charme und angenehmen Charakter.

Der Bichon frisé ist ein kräftiger, kompakter Kleinhund und verfügt über eine enorme Robust- und Gesundheit. Seine Lebenserwartung wird als hoch eingestuft, 14-jährige Bichons sind keine Seltenheit. Dieses setzt natürlich eine artgerechte Ernährung, Pflege und Gesundheitsvorsorge voraus.

Durch seine Körpergröße von nur etwa 24 bis 30 cm Schulterhöhe eignet er sich ausgezeichnet als Mitbewohner, auch für kleinere Wohnungen. Für eine Zwingerhaltung ist er völlig ungeeignet! Der Bichon frisé ist ein idealer Familienhund, der in enger Gemeinschaft mit seiner Familie leben will und auch muss! Ansonsten würde dieser sensible, anhängliche Hund sehr leiden und verkümmern!

Dass er nicht haart, ist ebenfalls ein großes Plus für ihn. Kleinere Kinder haben nicht ständig Hundehaare an ihren Fingerchen. Fleißige Hausfrauen und vornehmlich Allergiker wissen diesen bemerkenswerten Vorteil sicher zu schätzen.

Ein Bichon frisé, der regelmäßig gepflegt wird und von Zeit zu Zeit ein reinigendes Duschbad bekommt, entwickelt keinen typischen Hundegeruch. Selbst bei feuchtem Wetter oder bei nassem Haarkleid "müffelt" er nicht.

Der Bichon frisé ist trotz aller positiven Vorzüge ein richtiger Hund, mit normalen arttypischen Verhalten, Bedürfnissen und Eigenarten. Er möchte genauso gerne im Sand buddeln und durch die Natur streifen wie Hundekameraden anderer Rassen. Da er keinen ausgeprägten Jagdinstinkt besitzt, ist er sogar in Wald und Flur ein gehorsamer, zuverlässiger Begleiter. Er hat eine erstaunliche Ausdauer, sportliche Besitzer werden ihre Freude an dem flotten Kerlchen haben. Einige Bichon frisé aus unsere Zucht „Honey Dream's" gehen regelmäßig mit ihren Besitzern in den Bergen wandern. Solange die Welpen zu klein waren, wurden sie nach kurzen Distanzen im Rucksack weiter befördert, auch fremde Wanderer hatten ihre Freude an diesem Bild. Der erwachsene Bichon frisé ist erstaunlich muskulös und ausdauernd, er marschiert tapfer mit seinen Menschen stundenlang über Stock und Stein. Viele Bichon frisé gehen leidenschaftlich gerne im See oder Pool schwimmen. Wir haben einige Welpenkäufer, die uns von ihren „Wasserratten" berichten. Andere Bichons meiden das Wasser und lehnen es strikt ab, mit dem feuchten Element Bekanntschaft zu machen. Versuchen Sie ruhig Ihr Glück, da der Bichon frisé seinen Menschen immer ganz nah sein möchte, klappt es vielleicht, und er folgt Ihnen freiwillig ins Wasser.

Erwachsene Bichon frisé mit korrekter Behaarung haben eine dichte Unterwolle mit reichlich Deckhaar. Schlechtes Wetter oder Kälte ist für ihn ein Fremdwort, er lässt sich gerne eine frische Brise um die Nase wehen. Nach dem Prinzip einer Thermodecke schützt ihn sein dichtes Haarkleid weitgehend gegen Kälte wie auch gegen Hitze. Was wärmt, hält auch kühl! Bichonfrisé-Babys und Junghunde verfügen noch nicht über so ein dichtes, wärmendes Fell. Bei sehr nassen und eisigen Wetter ist ein wasserdichter Regenanzug mit Gummizug an den angenähten langen Beinen eine Hilfe. Vor allem wenn der Welpe längere Zeit im Schnee oder Regen spielt. Für fast alle Bichon frisé ist es ein besonderes Vergnügen, im Schnee herumzutollen und sich zu kugeln. Sie tauchen gern ihr Schnäuzchen in die kalte, weiche Masse hinein und benutzen dann die Nase als Schneeschaufel.

Die meisten Bichon frisé fahren gerne im Körbchen sitzend auf dem Fahrrad mit. Einige laufen auch begeistert eine Weile neben dem Rad her. Natürlich darf nur der ausgewachsene Hund diese sportliche Leistung vollbringen. Die Fahrgeschwindigkeit muss unbedingt einem Kleinhund angemessen sein. Er sollte lediglich einen gleichmäßigen, für ihn bequemen Gang ausüben, niemals sollte er dem Fahrrad hinterherhetzen müssen.

Der Bichon frisé ist ein wunderbarer Gefährte. Durch sein ausgeglichenes, anpassungsfähiges Wesen ist er für junge und ältere Menschen gleichermaßen geeignet.

Ein Bichon-frisé-Welpe von einem seriösen, liebevollen Züchter, der sich mit der Eigenart und Aufzucht von Bichon-frisé-Babys auskennt, sie optimal fördert und beschäftigt, ist weder überdreht noch nervös oder hektisch. Er ist neugierig, temperamentvoll und verspielt, gleichzeitig aber ein ruhiger, gesitteter Gentleman, der sich seinen geliebten Menschen auf besondere Art und

Weise angleicht und unterordnet. Das Bestreben des Bichon frisé seine Liebe und Aufmerksamkeit an seinen Besitzer zu verschenken ist einzigartig.

Um einen Bichon frisé glücklich zu machen, muss man nicht sehr sportlich sein und täglich große Etappen bewältigen. Er begnügt sich genauso mit normalem Auslauf und Spielen im Garten, Park und der Wohnung. Bälle und Stöckchen zu apportieren, bereitet ihm besonders viel Freude, er bringt diese gerne zurück, um gleich wieder von Neuem loszuflitzen. Ohnehin ist der Bichon frisé immer für ein Spielchen aufgelegt. Spielsachen die Geräusche machen oder quietschen, liebt er besonders. Aber Vorsicht, er neigt dazu, sein Spielzeug aufzufressen. Ab- oder angebissene Teile unverzüglich entsorgen!

Ein- oder zweimal am Tag sollten auch Gartenbesitzer ihren Bichon frisé einen ausgedehnten Spaziergang ermöglichen. Er ist ein kleiner Naseweis, möchte wissen, was es in seinem Revier Neues gibt, und seine Hundefreunde treffen. Das Herumtollen und Nachlaufen spielen mit Artgenossen, auch wenn sie größer sind als er, bereitet ihm einen Heidenspaß. Da kann er seiner überschäumenden Lebenslust freien Lauf lassen. Der Bichon frisé ist überaus freundlich und sozial zu anderen Hunden. Er ist kein Streithammel, neigt nicht zu Raufereien. Dies bedeutet aber nicht, dass er feige ist und sich seiner Haut nicht zu wehren weiß. Ein Streithammel sollte sich in einem Bichon frisé nicht verschätzen.

Der Bichon frisé ist ein anpassungsfähiges, einfühlsames und unkompliziertes Kerlchen, kennt die Gewohnheiten der einzelnen Familienmitglieder und den Lebensrhythmus der Familie in jeder Beziehung. Er ist ein aufmerksamer Beobachter, in dieser Disziplin ist er unschlagbar. Neue Gegenstände in der Wohnung beziehungsweise im Garten werden unverzüglich mit großer Neugierde untersucht, der Bichon frisé sieht einfach alles und bemerkt Veränderungen sofort. Natürlich werden auch die Einkaufstüten sogleich ausgiebig beschnüffelt, ob nicht doch ein Leckerchen für ihn darin ist.

Obwohl der Bichon frisé Außenstehenden oftmals so erscheint, ist er nie und nimmer ein verzärteltes, zerbrechliches Modepüppchen oder gar ein Schoßhündchen!

Sein Leben als verhätscheltes Luxusgeschöpf im goldenen Käfig zu fristen, gefällt diesen lebenslustigen, dynamischen Kleinhund überhaupt nicht.

Honey Dream`s Babys 5 Wochen alt, obwohl unterschiedlich groß, sind sie doch Geschwisterchen

Besitzer dieser tollen Kleinhunderasse kommen schnell zu der Überzeugung: einmal ein Bichon frisé, immer ein Bichon frisé!

Ist der Bichon frisé ein „Superhund" ohne Fehl & Tadel? Vorsicht, Sammler und Jäger!

Nein, ein Superhund ist der Bichon frisé nicht, er ist ein wirklich toller und unkomplizierter Hund, mit kleinen Schwächen!
Normalerweise können Besitzer froh sein, einen Hund mit gutem Appetit zu besitzen. Nichts ist frustrierender als ein futtermäkliges Hündchen fortwährend zum Fressen zu animieren.
Dieses Problem betrifft den Bichon frisé, wenn überhaupt, selten. Im Allgemeinen sind sie eher verfressen. Sie lieben zwar die Abwechselung, sind aber nicht besonders wählerisch, Ausnahmen bestätigen natürlich die Regel.
Diese ansonsten positive Eigenschaft, beinhaltet leider einen kleinen Nachteil, der Bichon frisé klaut! Er ist ein begeisterter Dieb, versucht alles Essbare vom Tisch zu stibitzen.
Vor allem junge, noch unerzogene Hündchen, die endlich alleine aufs Sofa oder den Stuhl springen können, versuchen mit allerlei Tricks die guten Leckereien zu „jagen". Ich habe noch keinen Bichon frisé kennen gelernt, der

nicht in einem unbeobachteten Augenblick versucht hat, einen verräterischen Blick, oder auch mehr, auf den Tisch zu riskieren. Ebenso ist der Bichon frisé ein großer „Sammler" und bestrebt alles zu seinem Besitz zu erklären, was ihm gefällt: Schuhe, Kissen, Kugelschreiber, Stofftiere, Socken etc. Der Bichon frisé ist nicht etwa plump oder einfallslos, nein, er ist ein gewitzter Dieb und geht taktisch vor. Er verhält sich brav und unauffällig, gleichwohl beobachtet er seine Menschen aufmerksam, verfolgt jeden Handgriff. In einem unbeobachteten Augenblick geht dann alles sehr schnell. Frei nach dem Motto: „Schwuppdiwupp da ist nach unten, schnell ein Huhn im Maul verschwund'n."

Eine liebevolle, aber konsequente Erziehung ist bei diesem talentierten „Sammler und Jäger" dringend erforderlich. Weiß der aufgeweckte kleine Bursche erst einmal, was falsch und was richtig ist, wird aus dem hündischen Dieb schnell ein braver, gesitteter Bichon frisé mit guten Manieren.

Der Bichon frisé neigt zur Eifersucht

Der Bichon frisé ist sehr anhänglich, liebt seine Menschen überschwänglich und möchte immer im Mittelpunkt des Geschehens stehen. Obwohl er sehr kontaktfreudig zu fremden Menschen und Tieren ist, kann er doch zur Eifersucht neigen. Vor allem wenn er ohne seine Menschen Zuhause bleiben muss. Ein Bichon frisé, der nie gelernt hat, alleine zu bleiben und sich wie ein gut erzogener Hund zu benehmen, könnte dazu tendieren aus Kummer oder auch Trotz, Schaden in der Wohnung anzurichten. Der sonst stubenreine Hund kann aus Frust, Einsamkeit oder echter Verlustangst seinen Protest mit Pfützen und Häufchen zum Ausdruck bringen. Aus eigener Erfahrung weiß ich, dass es sehr schwer fällt, diesen süßen und zärtlichen Hündchen zu widerstehen. Sein Blick kann herzzerreißend sein. Damit der verständige und kluge Bichon frisé seine Besitzer nicht um seine kleinen Pfötchen wickelt und zum Familientyrannen wird, ist eine sanfte, zugleich zielgerichtete Erziehung ab der Babyzeit sehr empfehlenswert. Der anhängliche Bichon-frisé-Welpe muss lernen, dass er nicht zu jeder Zeit die ganze Aufmerksamkeit seiner Menschen haben kann, und wann er sich ruhig im Hintergrund halten soll. Ein Kinderlaufställchen oder Zimmerkäfig hat sich bei der Erziehung und Unterbringung eines Welpen, während der Abwesenheit des Besitzers, als sehr hilfreich erwiesen. Im Kapitel „Ein Bichon-frisé-Welpe kommt ins Haus" erfahren Sie mehr über das Thema.

Ist der Bichon frisé ein Kläffer?

Der freundliche Wachhund

Von Natur aus ist der Bichon frisé zwar ein kleiner, jedoch zuverlässiger Wächter über Haus und Hof. Natürlich ersetzt er keinen Dobermann, der im Notfall als Verteidiger dient.

Der ansonsten sehr nette Bichon frisé benötigt keine extra Aufforderung um sein Zuhause zu „beschützen" und Fremdes zu melden. Vermeintliche Einbrecher werden wahrscheinlich von einem wütend kläffenden, dennoch freundlich schwanzwedelnden Hund empfangen. Letztendlich verteidigt der Bichon frisé sein Zuhause mit seiner spezifischen Waffe, der Einbrecher wird einfach „tot geschlabbert".

Der allzeit aufmerksame Bichon frisé bellt gerne, ist aber kein hysterischer Dauerkläffer, der alles und jeden ohne Grund verbellt. Eine konsequente Erziehung ist empfehlenswert. Er begreift fix, was seine Menschen von ihm erwarten, und richtet sich danach. Wohnen Sie in einem Mehrfamilienhaus, lernt er rasch die Wohnungsnachbarn an ihren Schritten und Geräuschen zu erkennen. Er meldet letztendlich nur noch Unbekanntes und Fremde. Vernachlässigen Sie seine Erziehung oder bestärken ihn sogar noch in seiner Wachsamkeit (pass auf), dürfen Sie sich nicht wundern, dass Ihr Bichon frisé bei jeder Gelegenheit anschlägt und letztendlich zum Kläffer wird.

Zwei kleine Freunde - Honey Dreams Uriella mit unserer süßen Sara- Sophie

Der Bichon frisé - ein Kinderfreund?

**Treuer Gefährte und Tröster für kleine Kinderseelen.
Aber er ist kein Spielzeug!**

Kommt der Bichon frisé als Welpe in einen Haushalt mit Kind, sollten das Hunde- und das zweibeinige Kind unter Aufsicht zusammengeführt werden. Beide müssen erst lernen, behutsam miteinander umzugehen. Nur Bichon-frisé-Welpen aus einer vorbildlichen, liebevollen und artgerechten Aufzucht mit engem Familienanschluss konnten in ihrer Welpenzeit unerschütterliches Vertrauen zum Menschen aufbauen. Sie sind nervlich belastbar und an allem Neuen interessiert und werden sich auch an den Eigenarten kleiner Kinder nicht stören. Junge Hunde werden von Kindern magisch angezogen, es dauert gewiss nicht lange und das verspielte Hündchen nähert sich vorsichtig dem Kind. Nach kurzer Zeit haben beide begriffen, dass sie voneinander nichts zu befürchten haben, und beginnen miteinander zu spielen.

Die wichtigsten Verhaltensregeln im Umgang mit dem Bichon frise, die besonders Kinder lernen und unbedingt akzeptieren müssen:

- Schläft der Welpe, verbietet sich jegliche Störung!
- Sein Rückzugsplatz ist tabu für das Kind.
- Futter- und Wassernapf gehören nur dem Hund!
- Beim Fressen darf der Hund nicht gestört werden! Aber er darf niemals einen Menschen anknurren oder gar beißen, nur weil sich jemand seinem Napf nähert.
- Dem Welpen keine Süßigkeiten füttern! Schokolade ist giftig für Hunde.
- Den Welpen nicht mit Schreianfällen und unbändigen Getrampel erschrecken oder ihn gar jagen! Er hat sonst Angst und will auch später nicht mit dem Kind spielen!
- Den Welpen nicht wie ein Stofftier festhalten und drücken, das tut ihm weh!
- Der Welpe ist keine Puppe! Er will nicht ständig gekämmt werden oder im Puppenwagen sitzen!
- Hunde sind keine Barbiepuppe, sie wollen nicht mit Farben angemalt oder geschminkt werden!
- Den Hund niemals im Sandkasten einbuddeln oder ihn mit Erde etc. bewerfen!
- Den Welpen nicht im Bett zudecken, er könnte einen Hitzschlag erleiden!
- Den Hund nicht ins Planschbecken oder in die Badewanne werfen!
- Hunde gehen nicht auf unserer Toilette Gassi!
- Kinderfinger gehören nicht in die Augen, Ohren oder Nase des Welpen!
- Welpen nicht aufs Sofa oder Bett heben und ihn dann unbeaufsichtigt lassen! Er könnte sich schwer verletzen beim Runterspringen.

Honey Dreams Como 21 Tage

Honey Dream`s Fina 16
Wochen

Honey Dreams Isa 5 Wochen alt

- Keine Spielsachen mit dem Welpen teilen! Spielzeug für Kinder kann für Hunde gefährlich sein, abgebissene Kleinteile wie Glasaugen etc. verschluckt der Welpe.
- Hunde dürfen nicht gequält, an den Haaren oder am Schwanz gezogen werden! Sie verteidigen sich mit ihren kräftigen Zähnen und beißen!
- Hunde dürfen nicht gehauen werden. Kinder dürfen ihre schlechte Laune nicht am wehrlosen Welpen auslassen!

Für seine gesunde Entwicklung benötigt der Bichon-frisé-Welpe häufige Ruhe- und Schlafphasen. Wird er ständig unsanft von einem ungestümen Kind aus dem Schlaf gerissen, entwickelt er sich nicht zu einem nervenstarken Hund, sondern zu einem überreizten, schreckhaften Nervenbündel. Definitiv kann dieser Bichon frisé kein Spielkamerad für ein Kind sein, er hat nur Angst und versteckt sich vor ihm. Das Kind sollte besonders in den ersten Tagen das Hündchen ruhig, liebevoll und umsichtig behandeln und den Welpen nicht zwingen, auf seinem Schoß oder im Puppenwagen sitzen zu bleiben. Der Welpe kommt von alleine zum Schmusen und animiert zum Spielen, niemand muss ihn mit Gewalt dazu zwingen!

Lautes Getrampel der Kinder am Anfang besser vermeiden, bis sich der kleine Hund eingelebt hat, alle Personen kennt, und weiß, dass von ihnen keine Gefahr droht.

Der Bichon frisé ist von Natur aus ein sehr kinderfreundlicher Hund, der schnell lernt mit den kleinen Zweibeinern zurechtzukommen. Ehe man sich versieht, sind beide dicke Freunde geworden. Dem Bichon frisé sitzt der Schalk im Nacken, er ist ständig auf der Suche nach "Verbündeten". Kinder aller Altersklassen sind ihm jederzeit als Spielkamerad willkommen. Das Spielen und Toben mit den kleinen Menschen wird dem ausgewachsenen Bichon frisé selten zu viel. Ein Welpe kann natürlich noch nicht so lange und ausdauernd mit einem Kind spielen. Der Bichon frisé reagiert nie wirklich grob oder nachtragend und kann einen Knuff vertragen, dennoch sind unbedachte Grobheiten von Kinderhand strikt zu unterbinden. Eltern müssen stets ein wachsames Auge auf die beiden haben. Meist muss der nachsichtige und geduldige Hund vor dem Kind geschützt werden! Der Bichon frisé ist ab ca. fünf Monaten viel kräftiger und gewitzter als in seiner Welpenzeit und für umsichtige Kinder ein echter kleiner Spielgefährte, der lebhaft mit ihnen herumtollt.

Von klein auf ist der Bichon frisé ein mitfühlender Seelentröster und Kummerkasten. Er bemerkt schnell, wenn sein zweibeiniger Kamerad traurig ist, und überschüttet ihn dann mit Herzlichkeit und Küsschen. Er kann wunderbar zuhören, verhält sich dabei ganz ruhig, sucht Körperkontakt zu dem missmutigen Kinderfreund, schmiegt sich eng an ihn, leckt liebevoll seine Hand.

In seiner Flegelphase verhält sich der Bichon frisé manchmal zu tollkühn. Im Eifer des Gefechtes kann er sich schon mal vergessen, setzt seine spitzen

Zähnchen ein, um das Kind an den Hosenbeinen festzuhalten oder zu kneifen. Hier muss das Kind oder die Eltern - je nach Alter des Kindes - dem „Halbstarken" deutlich klar machen, dass sein grobes Verhalten unerwünscht ist. Bichon frisé sind bis ins hohe Alter sehr verspielt, sie lieben Stofftiere und alles, was so auf dem Boden im Kinderzimmer liegt. Um Verletzungen des Hundes und Schäden am Spielzeug zu vermeiden, Legosteine, Barbiepuppen, Buntstifte usw. besser an einem sicheren Platz, außerhalb der Reichweite des Welpen verstauen. Vielleicht räumen die Kinder zum Wohl des kleinen Hundes ihr Zimmer ordentlich auf? Kinderspielzeug ist für Welpen nicht geeignet. Glasaugen, Plastikteile etc. werden schnell abgebissen und verschluckt.

Für unternehmungslustige Teenager ist der fröhliche und bildschöne Bichon frisé bestens als Begleiter geeignet. Mit einem Bichon frisé kann man „Pferde stehlen".

Besonders für gehemmte Jugendliche in der Pubertät, schüchterne oder behinderte Menschen mag der aufgeweckte, kontaktfreudige Bichon frisé der richtige Hund sein. Fünf Bichon frisé aus unserer Zucht sind als Therapiehunde in Alten- und Pflegeheimen tätig. Sie meistern ihre Aufgabe mit Bravur. Mehreren behinderten Kindern sind Hunde von uns ein liebevoller Spielgefährte. Der Bichon frisé ist ein kleiner, pfiffiger Clown und lernt gerne Kunststücke aller Art. Wer Lust an schnellfüßigen sportlichen Betätigungen hat, kann mit ihm auf dem Hundeplatz Mini-Agility betreiben. Hindernisse überwinden, Slalomlaufen, Balancieren, Klettern, durch einen Tunnel kriechen etc. wird ein gut sozialisierter und wesensstarker Bichon frisé mit Begeisterung absolvieren. Wer es etwas ruhiger angehen möchte, kann mit ihm für eine Begleithunde- und Gehorsamsausbildung üben und zuletzt eine Prüfung ablegen. Vor einiger Zeit haben wir auf dem Flughafen einen Bichon frisé kennen gelernt, der als Rauschgiftsuchhund sein Futter verdient. Er wurde zwischen die Koffer und Taschen der Reisenden gesetzt und war eifrig bei der Sache, keine Nische war ihm zu eng. Eine Fährten- und Suchhundausbildung ist für den verspielten, verständigen und arbeitswilligen Bichon frisé sicherlich eine hervorragende Beschäftigung. Alle sportlichen Aufgaben und Herausforderungen wird ein temperamentvoller, wesensfester Hund mit Schneid meistern. Anstrengende sportliche Leistungen, wie das Laufen neben dem Fahrrad, mit seinen Menschen joggen, Agility usw. darf nur ein ausgewachsener Bichon frisé ab ca. zwölf Monate bewältigen.

Der Bichon frisé ist ein kinderlieber Hund, mit viel Geduld und Nachsicht. Niemals darf er wegen seiner Sanftmut und Kuscheligkeit als Spielzeug missbraucht werden, er ist ein lebendiges Wesen und kein Stofftier. Wird dem Bichon frisé das Spielen mit dem Kind zu viel oder zu anstrengend, wird er sich in einer ruhigen Ecke verstecken oder sein Körbchen aufsuchen. Das Kind sollte den Hund dann unbedingt in Ruhe lassen.

Ein Bichon frisé, der nach einem Kind schnappt oder gar beißt, wurde qualvoll misshandelt und gepeinigt, er wusste keinen anderen Ausweg, um sich seiner Haut zu wehren. Strafen Sie dann nicht den Hund, bringen Sie Ihrem Kind einen verantwortungsvollen Umgang mit dem Mitlebewesen bei!

Der Bichon frisé, Mieze & Co

Hunde & Katzen sprechen unterschiedliche Sprachen

Zieht ein kleiner, übermütiger Bichon frisé in einen Haushalt, wo bereits Haustiere leben, sollten die Tiere nur unter Aufsicht zueinander geführt werden. Der Bichon frisé liebt alle Tiere, er gewöhnt sich rasch an deren Eigenarten und wird ihnen friedlich begegnen.

Einen vorhandenen Hund akzeptiert ein Welpe sofort als ranghöheren und will sein Freund sein. Mit allerlei Tricks wird er den Alten umgarnen, bis dieser ihn anerkennt und in die Familie aufnimmt.

Katzen und Hunde sind von Natur aus keine Feinde, sie sprechen nur verschiedene Sprachen und müssen erst lernen miteinander zu kommunizieren. Der Hund wedelt ungestüm mit seinem Schwänzchen zur freundlichen Begrüßung und friedlichen Kontaktaufnahme. Eine Katze, deren Schwanz hin und her peitsch, ist sehr aufgeregt, ihr Gegner ist gewarnt, sie ist kampfbereit. Schnurrt eine Katze behaglich, missversteht das der Hund, er meint sie knurrt und reagiert aggressiv. Eine Katze, die freundlich Kontakt aufnimmt, stellt ihren Schwanz steil nach oben, der Hund versteht die steife, aufrechte Rutenhaltung als Kampfansage. Folglich kommt es zu Missverständnissen.

Kennt der kleine Bichon frisé bereits Katzen, nähert er sich gewiss mit Vorsicht. Der erfahrene Katzenfreund wird mit leicht abgewendetem Kopf, um seine Augen zu schützen, versuchen mit seiner neuen Hausgenossin in Berührung zu kommen. Er weiß, dass mit den Kratzbürsten nicht gut Kirschenessen ist.

Kater Camillo und Fina sind zusammen aufgewachsen ihre Kinderfreundschaft hält auch heute noch

Sind Katzen für den Welpen etwas Neues, ist er neugierig und versucht, mit ihnen auf Tuchfühlung zu gehen.

Der Besitzer muss konsequent unterbinden, dass der junge Hund die Katze jagt! Sie muss immer eine Rückzugsmöglichkeit haben, um sich in Sicherheit zu bringen.

Die Mieze ist die Alleinherrscherin, in ihren Augen begeht der Welpe die Unverschämtheit in ihr Reich einzudringen. Sie wird den Eindringling sicherlich zur Begrüßung feindlich anfauchen, sie ist gereizt, ein blitzschneller Angriff ist nicht auszuschließen. Der unerfahrene Welpe muss unbedingt vor den scharfen Krallen geschützt werden. Eine angreifende Katze kann dem zutraulichen Hündchen schlimme Verletzungen an den Augen oder im Schnauzenbereich zufügen.

Nach einiger Zeit (kann Wochen dauern) wird sich die Katze entscheiden, sie kann den Kleinen lieben, ihn putzen und bemuttern, oder sie lässt ihn abblitzen und beachtet ihn kaum. Die Anwesenheit des neuen Familienmitgliedes akzeptieren und friedlich neben ihm herleben, das ist die häufigste Konstellation, wenn ein Welpe zu einer älteren Katze einzieht. Sie ist und bleibt der

Boss. Ist die Mieze schlecht gelaunt, bekommt der Hund ab und an, aus heiterem Himmel, eine Ohrfeige. Obwohl er nicht versteht, warum die Katze ihn haut, verzeiht der Bichon frisé ihr dieses extravagante Verhalten.

Wachsen junge Kätzchen und Welpen zusammen auf, werden sie rasch enge Freunde und spielen possierlich zusammen. Nach unseren Erfahrungen hält diese Tierfreundschaft ein ganzes Leben. Selbst wenn die Katze Freigang genießt und auf fremde Hunde nicht gut zu sprechen ist, liebt sie trotzdem ihren Bichon frisé Freund.

Bei Meerschweinchen, Häschen, Hamstern etc. ist immer Vorsicht geboten. Hier kommt es auf die Veranlagung des Bichon frisé an. Der eine bemuttert die kleinen Tierchen zärtlich, der andere hat sie zum „Fressen" gerne. Ein zu euphorischer Bichon frisé könnte sie zu seinem Spielzeug erklären, zumal diese Kleintierchen so anziehend quieken. Hat der Hund sich aber an die Nager gewöhnt, ist der Spielreiz schnell vergessen.

Landschildkröten sind besonders schützenswert, allergrößte Fürsorge ist angebracht. Schildkröten können sich nicht wehren oder bemerkbar machen. Trotz ihres mächtigen Panzers sind sie einem aufdringlichen Hund hilflos ausgeliefert. Leider riechen die Urtiere überaus verlockend, alle Hunde finden die „wandelnden Hornknochen" besonders schmackhaft und wollen an ihnen knabbern. Böse Verletzungen bei der Schildkröte sind die Folge. Der Schildkrötenauslauf muss gegen Hunde, Katzen und Nager gesichert sein, von unten und von oben. Niemals den Bichon frisé und die Schildkröte unbeaufsichtigt lassen, auch nicht für ein Paar Minuten oder wenn der Hund ihr bisher nichts angetan hat. Das kann sich schlagartig ändern!

Wellensittiche und andere kleine Vögel sind zerbrechliche Geschöpfe, sie eignen sich absolut nicht als Spielgefährte für einen Hund. Der Bichon frisé hat keinen ausgeprägten Jagdinstinkt, dennoch könnte ihn ein Vogel, der direkt vor seiner Nase aufflattert, zum Zuschnappen oder Hinterherhetzen verleiten.

Große Papageien werden sich alleine Respekt vor dem vorwitzigen Hündchen verschaffen. Hat der Bichon frisé einmal einen fauchenden Kakadu oder wütenden Ara erlebt, geht er mit Sicherheit nicht wieder in deren Nähe.

Der Bichon frisé ist meist allen Tieren friedlich und sehr freundlich gestimmt, er möchte gerne spielen oder schmusen. Aus eigener Erfahrung und vielen Er-

lebnissen wissen wir, dass es wunderbare Freundschaften zwischen unterschiedlichen Tierarten gibt. Aber bitte immer unter Aufsicht, damit keiner einen Schaden nimmt.

Tiere wie z.B. Nager, Schildkröten, Vögel etc. scheiden mit ihren Kot Erreger aus, gegen die ein Welpe nicht immun ist. Lassen Sie den jungen Hund keine Exkremente fressen.

Fragen sie Ihren Tierarzt nach Vorsichtsmaßnahmen, bevor Sie einen Welpen ins Haus holen.

Honey Dream`s Inka 5 Wochen alt

Hundekauf ist Vertrauenssache

Warum bei einem renommierten Züchter kaufen? - Prägephase

Einige Hundekäufer wollen zwar einen echten und edlen Rassehund, aber der soll möglichst wenig kosten. Wer nicht Züchten oder eine erfolgreiche Showkarriere mit dem Bichon frisé anstrebt ist möglicherweise der Auffassung, das auch ein „Billiger" zum Schnäppchenpreis weit unter 1000 Euro ohne Ahnentafel, aus dubiosen Zuchten ausreicht. Ja, Welpenpreise unter 1000 € sind für gediegene Rassehunde mit VDH-Ahnentafel aus vertrauenswürdigen, kontrollierten Zuchtstätten tatsächlich ein Schnäppchen.Vorsicht, wer nicht auf Qualität achtet, kann bitter enttäuscht werden. Der „billige" Rassehund aus undurchsichtigen Quellen könnte im Endeffekt sehr teuer und zum Problem werden

Prägephase

Die nachfolgenden Punkte sind der Mehrzahl der Welpeninteressenten zu wenig bekannt. Welpen durchlaufen einige wichtige Phasen in ihrem Leben, Versäumtes ist nie mehr nachzuholen!

Die Prägephase beginnt mit drei Wochen und endet mit etwa sieben Wochen. Ausschließlich in dieser kurzen Zeit wird der Welpe auf seine Artgenossen und vor allem auf den Menschen seiner nahen Umwelt geprägt! Erfahrungen und Erlerntes sind unwiederbringlich und, neben dem angeborenem Verhalten, ausschlaggebend für sein späteres Verhalten als erwachsener Bichon frisé. Versäumtes ist nie mehr nachzuholen! Unvergleichlich bedeutungsvoll, ist in der Prägungsphase ein enger und liebevoller Kontakt zum Züchter und seiner Familie. Welpen wissen nicht welcher Spezies sie angehören, erst ab ihrem 18. Lebenstag werden sie auf „Hund" geprägt. Dies geschieht durch Kontakt mit der Mutter und den anderen Rudelmitgliedern, zugleich mittels Geruchswahrnehmung. Ebenso verhält es sich mit den Menschen; nur wenn Welpen Menschen berühren und beschnüffeln dürfen und sie positiv wahrnehmen, werden sie dem kleinen Hündchen vertraut. Der Züchter ist verantwortlich dafür, dass seine Welpen unerschütterliches Vertrauen zum Menschen aufbauen können. Ausnahmslos alle Erfahrungen prägen sich in das kleine Gehirn eines Bichon-frisé-Welpen unwiderruflich ein, ob positiv oder negativ, nichts vergisst er.

Nach unseren Erkenntnissen befinden sich Bichon-frisé-Babys mit vier bis sechs Wochen in ihrer sensibelsten Lebensphase. Zu dieser Zeit sind sie empfindsam und dünnhäutig wie ein rohes Ei. Unbedachte grobe Behandlungen, ungeschicktes Hochheben etc. verzeihen die Kleinen nicht, sie entwickeln eine unüberwindbare Scheu gegen den Verursacher. Gleichfalls sind sie ausgesprochen agil und neugierig, sie nehmen alles aus ihrer Umgebung wahr.

Der Züchter darf sich in der Prägephase keinerlei Aufzucht- und Haltungsfehler leisten, er braucht viel Umsicht und Geduld, er muss sehr viel Zeit mit seinen Welpen verbringen. Bichon-frisé-Welpen, die ihre Neugierde nicht befriedigen oder nichts Neues dazulernen dürfen, bleiben zeitlebens in ihrer Lern- und Aufnahmefähigkeit begrenzt. Werden Bichon-frisé-Welpen nur im

Keller, separat im Zwinger, Hundezimmer, in ländlichen Gebieten ohne Zivilisationsgeräusche etc. gehalten, bekommen sie große Probleme in ihrem späteren Leben.

Noch zu wenig Hundeinteressenten wissen, dass die Aufzucht, Prägung und Erziehung von Haushunden eine echte Wissenschaft ist.

Dennoch, seit einigen Jahren beobachte ich einen sehr positiven Trend. Mehrheitlich informieren sich Hundeinteressenten vor dem Kauf über die Haltungs- und Aufzuchtsbedingungen, über die unterschiedlichen Züchter und in welchen Vereinen diese züchten sowie über Zuchtbestimmungen usw.

Gut informierte Welpeninteressenten ziehen einen Welpen aus einer renommierten, eingetragenen und kontrollierten Zucht vor, auch wenn er teurer ist! Dabei ist uninteressant, welcher Züchter die meisten Pokale im Regal stehen hat, sondern wer sich am intensivsten mit seinen Nachzuchten beschäftigt, vertrauenswürdig ist und über wirklich kompetentes Wissen über seine Rasse verfügt.

Bei allen aufkommenden Fragen muss „Ihr" Züchter ein adäquater Ansprechpartner sein.

Züchter - Kontaktaufnahme

Ich kann nicht oft genug erklären, wie wichtig eine ordentliche Zucht mit entsprechenden Zuchtbestimmungen ist! Rassehunde sollten möglichst bei einem fachlich versierten Züchter vom Verband für das Deutsche Hundewesen (VDH) erworben werden. Auf eine kompetente Beratung vor und nach dem Kauf sollten Sie großen Wert legen. Nur Züchter, die an ihrer Rasse großes Interesse haben, kennen sich auch aus. Sie sollten auf alle Fragen eine kompetente Antwort parat haben.

Bei der ersten Kontaktaufnahme mit einem kritischen Bichon-frisé-Züchter werden Sie sicher einige Fragen über Ihre Familie, Kinder, deren Alter, darüber wer bei dem Hund Zuhause bleibt, wie lange der Hund jeden Tag alleine ist, ihre Wohnverhältnisse usw. beantworten müssen. Diese Fragen sind nicht böse gemeint. Seriöse Züchter, die ihre Welpen mit viel Sorgfalt und Liebe aufziehen, möchten sich einen Eindruck über die Interessenten verschaffen, sie wollen für ihre „Kinder" immer den besten Platz finden. Verantwortungsvolle Züchter sind auch nach Jahren bereit ihre Welpen zurückzunehmen, falls ein Notfall das erfordert. Neben anderen Faktoren unterscheidet dieser Punkt gute und schlechte Züchter.

Fragen sollte der Züchter mit viel Geduld und noch mehr Fachkenntnis beantworten können. Beantwortet der Züchter Ihre Fragen nur muffig und mit Unwillen, fehlt dazu noch die Fachkompetenz, können Sie sich die Fahrt zu ihm sparen, es gibt bessere!

Seit einiger Zeit werden Bichon frisé zu „Billigpreisen" für ein paar hundert Euro angeboten. „Meine Bichon-frisé-Hündin sollte nur einmal Babys haben, wir wollen in keinem Verein züchten, wir machen das nur als Hobby, wir bringen den Welpen zu Ihnen ins Haus usw." Der vermeintlich billige Bichon frisé wird wahrscheinlich teurer als von einem anerkannten Züchter. Vermehrer und Händler wollen ihre Hunde nur „verhökern", sie werden kein Interesse am Käufer, seiner Familie und dem neuem Zuhause des Kleinen zeigen.

Sogenannte Züchter, die nur den Verkaufserlös ihrer Welpen als Einkommen haben, sollte der Welpenkäufer genauso meiden. Jeder geborene Welpe MUSS Geld bringen. Lassen Sie sich von diesen Leuten nicht zum Kauf verführen! Mitleid ist in diesem Fall ein schlechter Ratgeber. Sind Sie verunsichert, kommt Ihnen etwas merkwürdig vor, informieren Sie sich vor dem Kauf noch bei anderen Züchtern, auch wenn diese weiter entfernt wohnen. Der Weg zu einem versierten Bichon-frisé-Züchter lohnt sich, garantiert!

Züchterauswahl -- Beim Bichon-frisé-Züchter

Beim Bichon-frisé-Züchter angekommen, machen Sie Ihre Augen weit auf, sehen Sie sich um.

- *Wie werden die erwachsenen Bichon frisé gehalten: Zwinger, Gartenhaus, Scheune, Keller, Käfig? Im Idealfall sind die Bichon frisé Familienmitglieder und wohnen im Haus.*
- *Machen die erwachsenen Bichon frisé einen gepflegten Eindruck?*
- *Dürfen die Hunde ungezwungen im Garten spielen, buddeln und toben, sehen sie niemals so sauber aus wie auf einer Schönheitsshow aus. Das ist normal und hat mit „ungepflegt" nichts gemein. Aber die Oh-*

ren (verdreckt, dunkles Sekret), Zähne (Zahnstein) und Haare um die Augenpartie verraten den wirklichen Pflegezustand! Haben Sie ein Elterntier auf dem Schoß, sehen Sie mal in die Ohren!

- Wie werden die Bichon-frisé-Welpen gehalten, ist der Welpenauslauf großzügig, sauber und heil?
- Sind die Kleinen in einem separaten vom Wohnumfeld isolierten Raum untergebracht? Im Idealfall sind die Kleinen voll im Familienleben integriert und wachsen im Hauptwohnbereich auf.
- Sind die Welpen zutraulich oder verängstigt?
- Bei Fremden verhalten sich die meisten jungen Bichon frisé etwas zurückhaltend, das ist normal und muss sich nach einigen Minuten geben.
- Wie verhalten sich die Kleinen, wenn der Züchter in ihre Nähe kommt oder sie anspricht?
- Welpen müssen ohne Scheu auf Züchteransprache reagieren und freudig zu ihm laufen.
- Macht das ganze Umfeld einen sauberen, gepflegten Eindruck?
- Stinkt es nach Hund oder müssen Sie ständig über „Häufchen" steigen? Etwas Staub auf den Möbeln ist einem vielbeschäftigten Züchter großzügig nachzusehen. In einer Wohnung, wo Hunde frei leben dürfen, liegen Spielzeug, Kauknochen usw. herum. Haus und Garten sollten allerdings den Eindruck erwecken, dass sich jemand Mühe gibt, alles einigermaßen in Ordnung zu halten. Vorsicht, ein Haus oder eine Wohnung in der alle Räume „steril" wirken, ist ein Indiz dafür, dass die Hunde wahrscheinlich nur im Keller oder Zwinger (Käfig) gehalten werden.
- Die Eltern, zumindest die Mutter der Welpen, sollten sie zu sehen bekommen.
- Meist sind noch ältere Geschwister, Halbgeschwister, Tanten oder sogar die Oma vorhanden, fragen Sie danach.
- Werden Sie misstrauisch, wenn ein langjähriger Züchter keinen Bichon-frisé-Senior hat. Züchter, die ihre alten Hunde abschieben, züchten meist nur zum Geldverdienen! Die Ansicht, dass ehemalige Zucht-

hunde als Einzelhund doch viel angenehmer leben, ist wohl einseitig. Alte Hunde würden sicherlich lieber in ihrem Rudel und bekannten Umfeld bleiben.

◆ *Beschleicht Sie ein Unbehagen, unterscheiden Sie, ob Sie nur eine persönliche Abneigung gegen das Aussehen des Züchters haben, oder ob Ihre „Alarmglocken" im Allgemeinen misstrauisch läuten. Mitleidskäufe lohnen sich nicht!*

Honey Dream´s Welpen 4 Wochen alt

Honey Dream´s Welpen 4 Wochen alt mit Kater Tai Pan

Welpenauswahl - Rüde oder Hündin?

Am einfachsten wird die Auswahl, indem Sie bereits im Voraus festlegen, ob Sie einen Rüden oder eine Hündin „adoptieren" möchten. Bichon-frisé-Rüden sind genauso anhänglich und verschmust wie Hündinnen. In der Erziehung gibt es auch keine geschlechtsspezifischen Unterschiede. Eine dominante Hündin benötigt eine etwas strengere Hand und mehr Durchsetzungsvermögen des Besitzers als ein weich veranlagter Rüde. Das Gleiche gilt umgekehrt. Beide Geschlechter haben etwas dominantere, vorwitzigere sowie leichter lenkbare und unterwürfige Vertreter. Auch wegen der Größe braucht man kein Geschlecht vorzuziehen, es existieren kleine und größere Rüden, genauso ist es bei den Bichon-frisé-Damen, die eine ist kleiner, die andere etwas größer. Der Bichon frisé darf bis 30 cm Schulterhöhe haben, egal welches Geschlecht er hat. Ist Ihnen das Geschlecht des neuen Hausgenossen im Grunde egal, sollten Sie eventuell bedenken, ob Ihr direkter Zaun- oder Wohnungsnachbar ebenfalls einen Hund hält und welches Geschlecht dieser hat. Besitzt der Nachbar einen Rüden, wäre es für beide Seiten vorteilhaft ebenfalls einen Rüden zu nehmen. Ansonsten bevorzugen Sie den Welpen, dessen Persönlichkeit Ihnen am besten gefällt. Beide Geschlechter haben ihre Vor- und Nachteile. Aber in einigen Dingen unterscheiden sie sich eben doch.

Der Rüde - Geschlechtsreife

Ein Bichon frisé Rüde hebt ab ca. 6 Monaten beim Gassi gehen sein Beinchen. Sein Geschlechtstrieb erwacht, also auch sein Interesse für läufige Hündinnen. Ein Rüde wandelt das ganze Jahr über, sobald ihm eine Gelegenheit geboten wird, auf „Freiersfüßen". Die Rasse der Hundedame interessiert ihn dabei wenig. Aus diesem Grund sollte der Bichon frisé Rüde von Klein auf liebevoll aber konsequent erzogen werden. Bestehen Sie darauf das er immer unverzüglich zu Ihnen kommt wenn Sie ihn rufen er sollte nicht erst an einem anderen Hund, oder Baum schnuppern dürfen. Gestatten Sie ihm nur dort sein Bein zu heben, wo Sie es für richtig halten!. Trainieren Sie ihn von Anfang an auf ein Lösungssignal, z.B. „mach Gassi", so lernt er schnell nicht jede Hauswand oder Autoreifen anzupinkeln.

Kastrieren - Hypersexualität - markieren im Haus --

Honey Dream`s Bellamy

Bei der Kastration des Rüden sind nur zwei Schnitte am Hodensack nötig, lediglich die Keimdrüsen
(Hoden) werden entfernt, sonst bleibt alles dran. Natürlich bekommt er eine Vollnarkose und spürt nichts. Rüden erholen sich von der wirklich kleinen OP sehr schnell. Wichtig ist darauf zu achten, das er sich nicht an der frischen Wunde leckt und daran rumknabbert. Eine Entzündung an dieser Stelle ist für den Rüden sehr unangenehm.

Häufigster Grund der Kastration ist nicht eine Krankheit, sondern unerwünschte Verhaltensweisen, z.B. Möbel oder Gegenstände im Haus markieren, Streunen, Ungehorsam, ein übersteigerter Sexualtrieb usw. Natürlich gibt es auch krankheitsbedingte Umstände, für eine Kastration. Besonders Kleinhunderüden neigen vereinzelt zu sexuellen Überreaktionen (Hypersexualität). Sie besteigen Personen, Gegenstände, oder Stofftiere. Ist eine Hündin in der Nachbarschaft läufig, weinen und jaulen sie den ganzen Tag/Nacht. Sie verweigern ihr Futter und leiden fürchterliche Qualen. Sie sind nicht zu beruhigen.

Dieses Benehmen ist nicht normal, für keinen Rüden und muss streng unterbunden werden! Bei so undiszipliniertem Verhalten mangelt es an konsequenter Erziehung, ab der Welpenzeit. Im Rudel (Sie und Ihre Familie sind sein Rudel) darf nur der Ranghöchste decken, oder das Decken erlauben.

Für Rüden ist ein „Rammelverbot" keine Quälerei, sondern Teil ihres erlernten Sozialverhaltens. Etwa vier Wochen nach der OP sind läufige Hündinnen dann uninteressant für ihn.

Bei Rüden die vor ihrem ersten Lebensjahr kastriert wurden, ist die Gefahr an Prostata -und Hodenkrebs zu erkranken sehr gering. War der Rüde vor der Kastration nicht fett und träge wird er es auch nicht danach. Kastrierte Rüden werden nicht weibisch, nicht träge, nicht fett. Viel Bewegung und sportliche Betätigung stählern den Körper und Geist. Eine umsichtige Ernährung (Diätfutter) in den ersten 2 Monaten nach der OP hilft ebenfalls. Kastrationen sind Routineeingriffe, fragen Sie Ihren Tierarzt dennoch nach dem Für und Wieder.

Die Hündin - Geschlechtsreife

Eine Bichon frisé Hündin wird zwischen 6 und 13 Monaten das Erstemal läufig. Ab diesem Zeitpunkt ist sie geschlechtsreif und kann Babys bekommen. Dieser Vorgang wiederholt sich in der Regel zweimal im Jahr, alle 6 Monate. Der Zeitraum zwischen den Läufigkeiten kann von Hündin zu Hündin schwanken und braucht nicht konstant zu sein. Veranlagung, Stress, Krankheit, Unter- oder Überernährung usw. können die Intervalle vergrößern oder verkleinern. Einige Hündinnen werden z.B. nach 5 Monaten, andere erst nach 9 Monaten wieder heiß. Vergehen nur 4 Monate, oder noch kürzere Zeitspannen sollte die Hündin eventuell kastriert werden. Gehören zu Ihrer Familie mehrere Hundedamen, gleichen diese meistens ihre Hitzen an und werden gemeinsam läufig. Gesunde Hundedamen werden ihr ganzes Leben lang läufig, auch Bichon frisé Omas könnten noch Nachwuchs bekommen. Die meisten Bichon frisé Hündinnen halten sich sehr sauber. Unaufmerksame Besitzer bemerken häufig nicht, dass ihre Hündin blutet. Soll die Hündin mit im Bett schlafen, kann man ihr eventuell ein spezielles „Heißeshöschen" (Fachhandel) anziehen.
Der Sexualzyklus der Hündin wird in vier Phasen eingeteilt, die fließend ineinander übergehen.
Anöstrus, Proöstrus, östrus , Metöstrus

Läufigkeit - Anzeichen der Läufigkeit

Läufige Bichon frisé Damen teilen durch häufiges Absetzen kleiner Harnmengen (Duftmarken) den Rüden aus der Umgebung mit, dass sie bald „auf Liebe eingestellt sind". Die meisten Hündinnen verhalten sich etwas zickig oder regelrecht aufreizend, sie wissen das sie nun besonders interessant sind. Ihre Schamlippen werden recht groß, fest und prall. Bei einigen Bichon frisé Hündinnen verändert sich durch die hormonelle Umstellung das Haarkleid. Meist wird es an der Rute, oder am Körper etwas lichter. Anders herum kann eine läufige Hündin ein besonders schönes Haarkleid bekommen.

Östrus

Der Proöstrus und östrus werden zusammen als Brunst, Läufigkeit, oder Hitze bezeichnet und dauern ca. 5 bis 15 Tage oder länger an. Der Ausfluss (Blut) ist im Östrus heller und meistens kaum noch zu bemerken. Die vorher prallen glatten Schamlippen sind jetzt weicher, faltig und geschwollen. Die meisten Hündinnenbesitzer meinen, dass die „Gefahr" jetzt vorbei ist, da die Hündin nur noch wenig blutet. Das ist ein großer Irrtum, jetzt fängt die gefährliche Zeit erst an!

Duldungsphase

Etwa 10 Tage nach Beginn der Blutung, kann auch bereits nach 5 oder erst nach 20 Tagen sein, kommt die Bichon frisé Hündin in die Duldungsphase, also in ihre „Hochhitze". Das zeigt sich deutlich an ihrem albernen Gebaren. Sie hopst aufgeregt um den Rüden rum, legt ihre Rute zur Seite, bietet ihr Hinterteil an und will den Rüden zum Aufsteigen animieren. Die Länge der Duldungsphase ist von Hündin zu Hündin sehr verschieden und kann nur einige Tage bis zwei Wochen, oder länger andauern. Besitzer sollten ihre Hündin gut im Auge behalten. Ausgelassene Spiele mit Rüden sind in dieser Zeit Tabu. Sicher ist sicher. Ist die Hitze vorbei, sollte die kleine Bichon frisé Dame ordentlich gebadet werden, somit verschwindet auch der interessante Geruch. Rüden fühlen sich dann nicht mehr sexuell animiert.

Weiße Hitze

Einige Hündinnen haben eine „weiße Hitze". Blut ist dann nicht zu bemerken. Diese Hündinnen sind aber nach unseren Erfahrungen genauso fruchtbar und fortpflanzungsfähig, wie blutende. Die Anzeichen der Läufigkeit sind ansonsten wie oben beschrieben. Besitzer müssen nur aufmerksamer sein, dann sehen und bemerken sie leicht, wann ihre Hündin läufig wird, oder ist.

Läufigkeit unterdrücken

Bichon frisé Hündinnen haben keinen Monats-, sondern einen Halbjahres-Zyklus, dieser ist nicht mit dem Zyklus einer Frau zu vergleichen. Die „Pille" kann man einer Hündin nicht geben. Ihre Eierstöcke können nur mit langzeitwirkenden Hormonen, oder durch Kastration ruhiggestellt werden.
Hormongaben zur Unterdrückung der Läufigkeit sind aber möglichst zu vermeiden, sie richten mehr Schaden an, als sie nützen. Neuste Studien beweisen, dass ein sehr großer Teil hormonbehandelter Hündinnen an Gesäugetumoren und/oder der Gebärmutter erkranken.

Hündin - kastrieren

Die weit verbreitete Meinung, das jede Hündin mindestens einmal im Leben Welpen haben soll, ist lange überholt und schlichtweg falsch! Keine Hündin wird krank weil sie nie Babys geboren hat.
Ratschläge dieser Art überhören Sie besser. Unkastrierte Hündinnen sind durch hormonell gesteuerte Einflüsse anfälliger für Brustkrebs, (Mamatumore), Zuckerkrankheit (Diabetes mellitus), oder Gebärmuttervereiterung (Pyometra). Wenn Besitzer es wünschen ist es ratsam die Hündin vor oder spätestens nach der ersten Läufigkeit, mit ca. 10 bis 13 Monaten, kastrieren zu lassen. Gleichfalls können auch ältere Hündinnen kastriert werden, dann ist das Risiko das sie an Gebärmutter – und Brustkrebs erkrankt aber nicht mehr zu mindern. Bei fehlgedeckten Hündinnen ist nur die Kastration ein 100%iger sicherer Schwangerschaftsabbruch.

Jeder Welpe ist eine kleine Persönlichkeit!

Bei der Auswahl eines Bichon-frisé-Welpen brauchen Sie normalerweise keine Angst zu haben, dass ein Hündchen zu dominant oder zurückhaltend wird. Voraussetzung ist, dass der Bichon frisé aus einer liebevollen und umsichtigen Familienaufzucht stammt. Dann verhalten sich alle Bichon-frisé-Welpen sehr zutraulich und sind mit ein wenig Konsequenz leicht zu erziehen. Bichon-frisé-Welpen verhalten sich auch untereinander sehr freundlich und kuscheln gerne. Andererseits spielen sie temperamentvoll, wild und ausdauernd zusammen, aber niemals sind sie wirklich aggressiv. Aggression entspricht auch nicht ihrer genetischen Veranlagung. Das Temperament eines Welpen sollte sich immer mit der Persönlichkeit sowie den Bedürfnissen des neuen Besitzers und seiner Familie decken. Um keine Enttäuschung zu erleben, lassen Sie sich vom Züchter über die verschiedenen Charaktere der Kleinen aufklären, er kennt seine Welpen am besten. Haben Sie Kinder oder sind Sie sehr sportlich und aktiv, sollte Ihr Hündchen nicht ausgerechnet der ruhigste des ganzen Wurfes sein. Ein lebhafter, temperamentvoller Hund passt in diesem Fall sicherlich besser zu Ihnen. Verläuft Ihr Leben eher ruhig und beschaulich, nehmen Sie eben einen ruhigeren und sensibleren Zeitgenossen. Lassen Sie ruhig Ihr Herz mitentscheiden, alle Bichon frisé sind lieb und leicht zu erziehen.

Welpencheck

Bichon-frisé-Welpen schlafen noch viel. Sie spielen eine Weile wild und fallen dann in einen stundenlang anhaltenden, tiefen Schlaf. Sie sind weder mit guten Worten noch durch Aufmunterungen des Züchters bereit aufzustehen und sich temperamentvoll zu zeigen. Nehmen Sie einen der Kleinen auf den Arm und schmusen etwas mit ihm. An seiner Reaktion lässt sich viel erkennen. Genießt er Ihre Zärtlichkeiten oder versteift sein Körper vor Angst? Tasten Sie das Bichon-frisé-Baby liebevoll, aber zielgerecht ab. Schauen Sie sich sein Fell, Haut, Augen, Ohren, Analregion, Anus und Gebiss an, so erfahren Sie viel über seinen Gesundheitszustand. Bei einem müden Welpen klappt das ausgezeichnet.

Einen kleinen Gesundheitscheck der Welpen sollten Sie vor dem Kauf vornehmen.

Nehmen Sie ruhig das Buch mit, kontrollieren und vergleichen Sie die nachfolgenden Punkte:

◆ Einen Bichon-frisé-Welpen, der nur still in der Ecke sitzt, sich ständig von den anderen absondert, sich von seinen Geschwisterchen nicht zum Spielen animieren lässt, sollten Sie besser nicht mitnehmen. Die Vermutung liegt nahe, dass er nicht ganz gesund ist. Lungen- oder Herzprobleme könnten die Ursache sein.

◆ Beim gesunden Bichon-frisé-Welpen sind die Augen dunkel, klar und glänzen. Ein wenig klarer Ausfluss und etwas Schlaf in den Augenwinkeln sind normal.

◆ Zwinkern, Lichtempfindlichkeit, dunkler Ausfluss, starke Verfärbungen oder unangenehmer Geruch um die Augenregion sind nicht normal.

◆ Rote Bindehaut (ziehen sie das untere Augenlid etwas nach unten) weist auf eine Entzündung hin.

◆ Leichtere Verfärbungen der Haare in der Augenregion sind beim Bichon-frisé-Welpen normal. Wenn die Hündchen ihre Milchzähnchen bekommen, tränen deren Augen fast immer, bei den einen Welpen mehr, bei den anderen weniger. Die Kleinen müssen aber trotzdem auch an diesen Stellen einen gepflegten Eindruck machen. Erfahrene Züchter wissen, wie die Verfärbungen in tragbaren Grenzen gehalten werden! Allerdings erfordert das tägliche Fürsorge verbunden mit hohem Zeitaufwand.

◆ Hat der Welpe um die Augen keine Haare, könnten Milben die Ursache sein.

◆ Die Ohren müssen sauber sein, sie dürfen nicht übel riechen und kein dunkles oder schwarzes Sekret aufweisen, ansonsten ist eine Ohrenentzündung und Milbenbefall möglich.

◆ Das Haarkleid an seinem After muss sauber sein, nicht bräunlich verfärbt oder verklebt. Nur Durchfall verursacht diese Verfärbungen.

◆ Der Anus darf nicht gerötet, geschwollen oder entzündet sein.

◆ Die gesamte Haut eines Bichon-frisé-Welpen ist straff und rosa durchblutet, ohne Pickel und Pusteln. Faltige Haut ist ein Zeichen von Unterernährung, eventuell Wassermangel etc.

- Streichen Sie das Fell gegen die Wuchsrichtung, schauen Sie sich den ganzen Körper, auch das Ohrleder an. Beschädigungen der Haut, Kratzer, schorfige Hautstellen, verdickte Haut oder Schuppen sind nicht normal.
- Die kleine Nase darf nicht ständig laufen und keinen schleimigen Ausfluss zeigen, sie muss sich kühl bis leicht warm und verhältnismäßig trocken anfühlen.
- Das Zahnfleisch des Bichon-frisé-Welpen muss gut rosa sein, es darf sich keine rötliche Entzündung, auch nicht im Bereich der Zähne zeigen. Blasses, weißliches, bläuliches oder gelbliches Zahnfleisch weist auf eine krankhafte Störung hin.
- Bei Welpen, die noch nicht alle Zähne haben, ist oftmals das Zahnfleisch stark geschwollen, das ist normal.
- Die Milchzähnchen eines Bichon-frisé-Welpen müssen absolut weiß sein, ohne jegliche Verfärbung. Sind sie gelblich verfärbt, hat der Kleine wahrscheinlich die Staupe durchgemacht. Spätfolgen, u. a. am Gehirn, sind dann vorprogrammiert. Kaufen Sie keinen Welpen von diesem Züchter!
- Einen guten Ernährungszustand des Bichon-frisé-Welpen erkennt man daran, dass keine Rippen zu sehen sind, sein Rückgrat darf sich nicht deutlich unter der Haut abzeichnen. Streichen Sie seine Haare ganz glatt, so sehen Sie den wirklichen Ernährungszustand. Sein Körper darf nicht weich und schwammig sein. Obwohl noch klein und zart, fühlt sich der gut genährte Welpe fest und fleischig an.
- Ein dicker, aufgeblähter Bauch hat nichts mit einem gut ernährten Bichon-frisé-Welpen gemein. Aufgeblähte Bäuche weisen auf eine starke Verwurmung hin.
- Das weiße Haarkleid eines Bichon-frisé-Welpen muss sich dicht, weich und seidig anfühlen. Leichte beige Verfärbungen im Fell, vor allem an den Öhrchen, sind normal und wachsen später heraus. Der reinrassige Bichon frisé ist einfarbig weiß!
- Finden Sie im Fell kleine schwarz-braune Krümel, hat der Welpe Flöhe und somit auch Bandwürmer.

- Beim Bichon-frisé-Rüden müssen beide Hoden im Hodensack zu fühlen sein. Hoden, die nicht in den Hodensack absteigen, neigen im Bauchraum zu Tumoren. Meist müssen sie nach einigen Jahren operativ entfernt werden. Einhoder sind keine kranken Hunde, sie dürfen aber nicht für die Zucht eingesetzt werden, da sich Kryptorchismus vererbt.

Welpenpreis - wie viel kostet ein Bichon-frisé-Welpe?

Eine fachmännisch, liebevoll geführte Bichon-frisé-Zucht im Wohnumfeld des Züchters ist überaus arbeits- und zeitintensiv und erfordert einen hohen finanziellen Aufwand. Vergleichbar mit einem 24-Stunden-Job an sieben Tagen in der Woche! Bevor der Züchter einen Wurf verkaufen kann, hat er ein kleines Vermögen investiert, allein der Arbeits- und Zeitaufwand ist nicht in Zahlen zu fassen. Bichon-frisé-Welpen aus einer renommierten, kontrollierten Zucht sind keine preiswerten Hunde. Die Welpenpreise liegen im Durchschnitt, wie bei den meisten Rassehunden, bei 1100 bis 1500 Euro. Ein „Sonderangebot", das weit unter 1000 Euro liegt, sollte jedem Welpeninteressenten misstrauisch stimmen. Warum wird der Bichon frisé so „billig" abgegeben? Hat er Fehler, war er krank, ist er übrig geblieben, war er schon einmal vermittelt und ist zurückgegeben worden? Wenn ja, warum? Ist er überhaupt reinrassig, hat er eine VDH Ahnentafel? Fragen Sie genau nach dem Grund!

Weist der Welpe nur einen Standard- oder Schönheitsfehler auf, ist er meistens etwas preiswerter als seine „fehlerlosen" Geschwister. Für einen Liebhaber, der mit dem Bichon frisé nicht züchten oder ihn ausstellen möchte, ist der Welpe dennoch ein liebevoller und treuer Begleiter.

Züchter mit gutem Ruf und einer vorbildlichen Zucht haben es nicht nötig, ihre Welpen zum „Schleuderpreis" auf den Markt zu werfen. Nach eigenen Erfahrungen sind Bichon-frisé-Welpen, die mit viel Liebe und Sorgfalt im Wohnumfeld aufgezogen wurden, im Grunde unbezahlbar!

Abgabealter - Gewicht - Tätowieren - Ahnentafeln - Chippen - Impfung - Wurfabnahme - Entwurmung

Der VK (Verband für Kleinhunde e.v.) ist in Deutschland der zuchtbuchführende Verband für die Rasse Bichon frisé im VDH. Nur Bichon-frisé-Ahnentafeln mit dem Emblem des VDH/VK und zusätzlich der F.C.I. sind weltweit in allen Verbänden anerkannt.

Das vorschiftsmäßige Abgabealter eines Bichon-frisé-Welpen ist im VDH ab ca. neun Wochen. Vorher werden die Kleinen geimpft und ein ausgebildeter Zuchtwart des VDH/VK führt eine Wurfabnahme und Zwingerkontrolle durch. Jeder einzelne Welpe wird begutachtet und auf eventuelle Rassefehler untersucht. Ebenso werden die Unterbringung der Welpen und Zuchthunde, Gesundheits- und Ernährungszustand der Mutterhündin und Welpen, Sauberkeit beim Züchter etc. kontrolliert. Alle ermittelten Daten notiert der Zuchtwart im Wurfabnahme- und Wurteintragungsbericht. Nur wenn ausnahmslos die erforderlichen Auflagen erfüllt sind, erhalten Welpen eine ordentliche Ahnentafel vom Zuchtbuchamt des VDH/VK.

Bei der Wurfabnahme werden die Welpen mit einer Tätowiernummer im Ohr gekennzeichnet. Jeder Welpe bekommt seine spezifische Nummer, ab dann ist er nicht mehr zu verwechseln. Tätowierungsnummern sind auch noch nach vielen Jahren unter einer Lampe sichtbar zu machen.

Einige Züchter lassen ihren Welpen einen Chip zur Identifikation unter die Haut setzen, andere lehnen das Chippen ab. Egal welches Mittel der Züchter wählt, eine Identifikation der Welpen ist unbedingt notwendig! Tätowieren ist für den Welpen sicherlich etwas unangenehm, das Setzten eines Transponders ist ebenfalls keine Kleinigkeit. Oftmals kommt es gerade bei Kleinhundewelpen zu Problemen, u. a. wandern die Chips oder werden wieder abgestoßen. Wird der Bichon-frisé-Welpe nicht tätowiert, sondern nur gechippt, ist bei Verlust des Transponders keine 100%ige Identifikation mehr möglich. Nach meinen Erfahrungen ist es ratsam Bichon-frisé-Welpen erst im Alter von sechs Monaten chippen zu lassen.

Vor der ersten Impfung mit acht Wochen werden Bichon-frisé-Welpen auf „Herz und Nieren" von einem versierten Tierarzt untersucht. Nur wenn alle

Geschwisterchen gesund sind, erhalten sie ihre erste Impfung. Danach müssen die Kleinen noch einige Zeit beim Züchter verbleiben. Die meisten Welpen leiden einen oder zwei Tage an den Folgen der Impfung. Meist fühlen sie sich nicht ganz wohl, sind etwas ruhiger und haben an der Einstichstelle Schmerzen. Einige Bichon frisé haben einen Tag leichten Durchfall, wollen nicht fressen, oder sie erbrechen sich. Die Impfung ist Stress für einen Welpen, der Impfschutz ist erst mit 10 bis 14 Tagen aktiv.

Lassen Sie sich vom Züchter über verabreichte Entwurmungen bei Ihren Bichon-frisé-Welpen und die nachfolgenden Termine unterrichten. Bis zu zwölf Wochen wird der Welpe alle zwei Wochen, von drei bis sechs Monaten einmal im Monat, danach alle drei Monate entwurmt. Einige Tage vor jeder Impfung muss der Bichon frisé mit einem Mittel gegen alle Wurmarten entwurmt werden.

Wichtig ist auch, dass der Welpe bei der Abgabe vollständig und mit Appetit alleine Nahrung aufnimmt. Ein gut entwickelter Bichon-frisé-Welpe, egal ob Rüde oder Hündin, wiegt mit neun Wochen um die zwei Kilogramm. Der eine wiegt nur 1,7 kg, der andere 2,6 kg oder mehr. Die Werte sind cirka Gewichte. Wiegt Ihr Hündchen unter 1,6 kg sollten Sie ihn genau beobachten. Brütet er eine Krankheit aus, frisst er schlecht, oder ist er halt nur etwas zarter und kleiner? Fragen Sie Ihren Tierarzt, ob spezielle Vitamin- und Aufbaupräparate oder eine zusätzliche Wurmkur bei dem „Leichtgewicht" nötig sind.

Kaufvertrag

Im Kaufvertrag müssen die Adresse und der Zwingername des Züchters, die Adresse des Welpenkäufers, Kaufdatum, Preis und alle Daten des Welpen (Name, Wurftag, Geschlecht, Tätowier- und Zuchtbuchnummer sowie eventuell vorhandene Fehler oder Mängel) aufgeführt sein. Ein schriftlicher Kaufvertrag ist bei einem Hunde Verkauf/Kauf nicht gesetzlich vorgeschrieben

Honey Dream`s Lana und Baby Emelie, Bes. Familie Stoppel, Norderney

Welpenkäuferauswahl

Argusaugen eines Bichon-frisé-Züchters

Nicht allein Welpenkäufer haben das Recht sich einen geeigneten und seri-ösen Züchter auszusuchen. In gleicher Weise wird ein verantwortungsvoller Züchter, der seine Bichon-frisé-Welpen nur in die allerbesten Hände abgeben möchte, den Welpeninteressenten mit gesundem Misstrauen begegnen und einige Fragen stellen. Außerdem wird er Sie und gleichzeitig Ihren „Anhang" buchstäblich mit Argusaugen im Umgang mit den Hunden beobachten. Auch alle Negativ-Fragen oder Bemerkungen wie „Wird mein Hund auch so wild?" „Der macht mich ja ganz nervös" (Obwohl der Welpe nur normal spielt) „Muss mein Hund etwa auch geimpft werden?" „Igitt, muss ich den Hund auch baden und entwurmen?" „Igitt, der Hund hat mich geleckt" werden dem Züchter auffallen. Verfallen Ihre Kinderchen in hysterisches Dauergebrüll nur weil ein erwachsener Hund sie anspringt, sieht die Sache schlecht aus.
Bei diesen oder ähnlichen Verhalten und Bemerkungen hört ein verantwor-tungsvoller Züchter sehr genau hin und hat sich längst eine eigene Meinung über Sie gebildet. Sind Sie nur etwas unerfahren, haben aber die besten Ab-

sichten, bekommen Sie auch einen Welpen. Ändert sich Ihr Verhalten nicht oder bestärken sich die negativen Vermutungen des Züchters, werden Sie wohl ohne Welpen fahren müssen! Erfahrene Züchter sind ausgezeichnete Menschenkenner und hören auf ihr „Bauchgefühl". Auch wir haben Leute schon ohne Bichon-frisé-Welpen wieder fortgeschickt. Wem ein Bichon-frisé-Baby anvertraut wird, entscheidet nur der Züchter!

Ein Bichon-frisé-Welpe kommt ins Haus

Sozialisierungsphase

Bei sechs Wochen alten Bichon-frisé-Welpen sind erst 70 % ihrer endgültigen Gehirnmasse entwickelt, im Alter von zwölf Wochen sind es ca. 90 %. Somit kann man von einem erst neun Wochen alten Welpen verschiedene Dinge wie z.B. Stubenreinheit noch nicht verlangen. Der Kleine ist noch nicht fähig, alles zu begreifen oder zu verarbeiten, was wir von ihm wollen.

Hundekinder wachsen schnell, ab fünf Monaten ist für den Bichon frisé die Welpenzeit beendet, er ist zum Junghund herangereift. Alle Einflüsse innerhalb des ersten Lebensjahres prägen einen Hund, und sie können stärker sein als seine angeborenen Eigenschaften *(von Eberhard Trumler)*.

Auf dem Weg zum erwachsenen Hund durchläuft ein Bichon-frisé-Kind mehrere Entwicklungsstadien. Ab der dritten bis siebten Lebenswoche ist der Welpe in seiner Prägungsphase. Der Züchter legt in dieser Zeit den wichtigen Grundstein für eine vertrauensvolle Mensch-Hund-Beziehung. Vernachlässigt er die Kleinen, können sie nie den Menschen als Rudelmitglied und Partner akzeptieren, die Eingliederung und Erziehung solcher Hunde ist meist aussichtslos.

Im Kapitel „Hundekauf ist Vertrauenssache" finden Sie mehr zu diesem überaus wichtigen Thema!

In der Sozialisierungsphase befindet sich der Bichon-frisé-Welpe im Alter von 8 bis ca. 14 Wochen. In dieser Zeit ist er besonders lern- und aufnahmefähig. Für Welpenkäufer ist das Thema bedeutend, da die Abgabe des Kleinen an seine neuen Besitzer in diese Zeit fällt. In seiner Sozialisierungsphase fügt sich ein Welpe ohne große Probleme in seine neue Familie (Rudel) ein. Das Gehirn eines Welpen entwickelt sich naturgemäß sehr schnell, trotzdem hängt seine gesamte Entwicklung zusätzlich davon ab, was er in der Wachstumsphase erlebt, besser gesagt erleben darf, alles bleibt für immer in seinem kleinen Gehirn verankert.

Sie müssen Ihrem Welpen jetzt unbedingt regelmäßig Kontakt zu anderen Menschen und Tieren sowie zur Umwelt außerhalb seines Zuhauses ermöglichen. Ihr Bichon-frisé-Kind muss alles kennen lernen, angefangen bei wiederkehrender Fellpflege bis hin zu Autofahrten, U-Bahn, Lkw-Verkehr usw. Lassen Sie Ihren Bichon-frisé-Welpen ruhig von verschiedenen Menschen, sofern diese Ihnen gefallen, streicheln. Mensch ist nicht gleich Mensch für den kleinen Hund. Kinder, alte Menschen, Brillen- oder Bartträger, Fahrrad- oder Rollstuhlfahrer, alles ist fremd. Der kleine Bichon frisé muss erst lernen, dass von diesen seltsamen Gestalten keine Gefahr für ihn droht.

Welpen, die während der ersten 15 Lebenswochen wenig Kontakt zur Umwelt hatten, können lebenslang an den Folgeschäden leiden. Sie haben Lernprobleme, sind übernervös und ängstlich. Fordern Sie Ihren Bichon frisé regelmäßig, aber überfordern Sie ihn nicht!

Sicherlich fühlt der Kleine sich am Anfang noch unbehaglich und hat etwas Angst. Oftmals zittern und jammern junge Bichon frisé in neuen und unbekannten Situationen, das ist normal. Bedauern Sie Ihr Hündchen dann nur nicht, bleiben Sie neutral und übersehen sein Verhalten. Muntern Sie den Kleinen zwischendurch mit einer netten, selbstsicher klingenden Stimme auf.

Bedenken Sie, Ihr Bichon-frisé-Kind braucht diesen milden Stress, um zu einem selbstsicheren Begleithund heranzureifen. Achten Sie darauf, dass Ihr Bichon-frisé-Baby am Anfang überwiegend positive Erfahrungen sammelt. Vermeiden Sie unbedingt, Ihren Hund ständig zu bedauern, damit verstärken und belohnen Sie nur seine Unsicherheit.

Reißen Sie Ihren Liebling nicht panikartig an der Leine hoch, nur weil sich ein „Riesenhund" nähert, auch ein Bichon frisé beherrscht die „Hundesprache". Verfallen Sie bei Begegnungen mit fremden Hunden oder neuen Situationen jedes Mal in Panik, dürfen Sie sich nicht wundern, dass Ihr Welpe sich zu einem kläffenden Nervenbündel entwickelt. Geben Sie ihm Gelegenheit, mit großen und kleinen Artgenossen Kontakt aufzunehmen.

Achten Sie unbedingt darauf, den junger Bichon frisé nicht zu überfordern. Nehmen Sie den Welpen und Junghund auf der Straße immer an die Leine. Selbst Bichon frisé, die zu Hause sehr frech und selbstsicher sind, können bei unbekannten Dingen in Panik verfallen. Manchmal reicht schon ein fliegendes Blatt Papier.

Welpenspielgruppen

Die Teilnahme an einer fachlich gut geführten Welpenspielgruppe ist für Ihren kleinen Bichon frisé eine hervorragende Möglichkeit sich an verschiedene Umweltreize und fremde Hunde zu gewöhnen. Ferner kann er dort ein artgerechtes Sozialverhalten trainieren. Achten Sie darauf, dass nur Hundekinder bis maximal 18 Wochen, je nach Größe und Rasse, an der WELPENgruppe teilnehmen. Ältere Junghunde würden den Kleineren das Leben sehr schwer machen!

Junge Hunde sind kein Spielzeug für ältere oder stärkere! Bei mehr als sechs Hunden sollten mindestens zwei Übungsleiter anwesend sein. Wenn Sie das Gefühl haben, dass alles durcheinander läuft und keine fachkundige Anleitung vorhanden ist, suchen Sie sich eine andere Gruppe. Kaffee können Sie auch Zuhause trinken!

Sozialspiele und Gewöhnung an Umweltreize wie z.B. klappernde, zischende, laute Geräusche, Laufen auf Knisterfolie, plötzliches Aufspannen eines Regenschirms, durch eine Menschengruppe gehen, sich von Fremden anfassen lassen usw. sollten im Vordergrund stehen. Kleine Erziehungsübungen wie „Sitz" und vor allem das Heranrufen aus jeder Ablenkung sind ebenfalls sehr wichtig. Natürlich dürfen die Welpen auch ungezwungen miteinander spielen, das müssen sie sogar. Zugleich sind sie behutsam an den Ernst des Lebens heranzuführen. Um die jungen Hunde nicht zu überfordern oder zu verängstigen, dürfen Übungen immer nur spielerisch vermittelt werden. Der Bichon frisé muss Spaß an der „Arbeit" haben, sonst schaltet er auf stur!

Erlerntes wird in der häuslichen Umgebung durch regelmäßige Wiederholungen weiter vertieft, wenige Minuten reichen in den ersten Wochen vollkommen aus. Sozialverhalten unter Artgenossen lernt Ihr Welpe nur in seiner Sozialisierungsphase, mischen Sie sich besser nicht ein. Außer der Kleine wird von mehreren oder körperlich stärkeren Hunden, die sich bereits in der Spielgruppe Zuhause fühlen, heftig attackiert. In diesem Fall nehmen Sie Ihren Hund sofort weg! Achten Sie unbedingt darauf, dass auch Ihr kleiner Bichon frisé sich wohlfühlen muss. Er soll Spaß in der Gruppe haben und sich nicht vor Angst verkriechen und aus seiner Deckung heraus rumkeifen.

Lassen Sie sich nicht von klugen Sprüchen der anderen Teilnehmer beirren. Wird Ihr Hündchen ständig niedergemacht und unterdrückt, beenden Sie sofort das „ungleiche Spiel"! Sie sind sein Besitzer, Rudelführer und Beschützer. Wenn Sie Ihrem kleinen Bichon frisé nicht helfen, wer dann? Bitten Sie die anderen Besitzer, ihre Hunde etwas im Zaum zu halten und Rücksicht auf den Kleinen zu nehmen. Beim zweiten und dritten Besuch sieht alles schon ganz anders aus. Natürlich sollten Sie auch im umgekehrten Fall regulierend eingreifen. Ihr lebhafter Bichon frisé trickst schnell andere phlegmatischere Hunde aus, je älter er wird, umso pfiffiger wird er. Ein junger Schäferhund ist bei weitem nicht so intelligent wie ein gleichaltriger Bichon frisé. Kommt Ihr süßer Wirbelwind aus einer guten Zucht und Aufzucht, brauchen Sie sich keine Sorgen um sein Wohl zu machen. Sie werden staunen und die anderen ebenfalls. Der Bichon frisé ist zwar klein, aber nicht blöd!

Unterliegen Sie nie dem Irrglauben "Welpenschutz"

Obwohl Sie Ihren Bichon-frisé-Welpen nicht immer überbeschützen sollten, ist ein gesundes Misstrauen gegenüber anderen, vor allem fremden Hunden immer angebracht.

Sicher denken Sie, dass Ihr kleiner Bichon frisé Welpenschutz hat und kein erwachsener Hund ihm etwas zuleide tun würde. Das vergessen Sie mal ganz schnell wieder!

Das Märchen vom „Welpenschutz" lebt nur in den Köpfen der Hundehalter. Hunde kennen keinen „Welpenschutz".

76

Fremde, erwachsene Hunde, die gegenüber Welpen ein aggressives Verhalten zeigen, sind nicht verhaltensgestört. Allein Welpen aus dem eigenen Rudel haben Narrenfreiheit, ihnen wird Welpenschutz gewährt.

Verhält sich eine Hündin unfreundlich zu Welpen, ist diese Reaktion normal und artgerecht. Nur weil sie weiblich ist, entwickelt sie noch lange keine Muttergefühle für fremde Kinder!

Oftmals versuchen Hündinnen sogar den fremden Welpen zu beißen oder im schlimmsten Fall zu töten, also Vorsicht. Natürlich gibt es gleichfalls sehr freundliche Hündinnen, die einen Welpen liebevoll zu putzen anfangen und mit ihm spielen. Da ein Rüde naturgemäß nie weiß, ob es sein Nachwuchs ist, verhält er sich nicht so aggressiv. Allerdings mögen einige Rüden keine Welpen und knurren sie an.

Der einzige Schutz, den Ihr kleiner Bichon frisé in so einer bedrohlichen Situation hat, ist sein erlerntes Sozialverhalten. Er beschwichtigt, durch unterwürfiges Verhalten, alles was größer oder älter ist. Hat der Kleine seine Lektion nicht gut gelernt, wird ein erwachsener Hund (im günstigsten Fall) ihn schnell in seine Schranken weisen. Diese grobe Behandlung wird Ihr Welpe mit lautem Schreien, sich auf den Rücken drehen, urinieren und Lecken der Schnauze des Ranghöheren beantworten. Er will den anderen Hund besänftigen und seine Aggression hemmen. Damit Ihr Welpe zu einem selbstsicheren Hunde reifen kann, sollten Sie ihm viel Gelegenheit geben mit Junghunden und gut sozialisierten erwachsenen Hunden Kontakt aufzunehmen.

Die Heimreise

Während der Fahrt in sein neues Zuhause sollte ein Familienmitglied den kleinen Bichon frisé betreuen und beruhigend mit ihm reden. Ein Paar Kilometer kann man den Süßen auf dem Schoß transportieren, bis sich die erste Aufregung gelegt hat. Wird er müde oder hechelt ununterbrochen, ist es ihm zu warm. Setzen Sie ihn zu Ihren Füßen auf eine Decke im Fußraum des Beifahrersitzes, dort ist er sicher und ganz nah bei Ihnen untergebracht. Lassen Sie den Welpen aber angeleint! Somit kann er nicht in einem unbeobachteten Augenblick entwischen.

Ein Transportkennel (Plastikbox ca. 60-70 cm lang, reicht auch für den ausgewachsenen Hund) ist sicher und praktisch, zudem wasserdicht. Wahrscheinlich ist das die erste Autofahrt für Ihren kleinen Bichon frisé, alles ist fremd für ihn, das kann auf seinen Magen und Darm schlagen. Erbrochenes beziehungsweise ein „kleines Malheur" lassen sich mit Küchenpapier schnell bereinigen. Ist die Aufregung Ihres Welpen sehr groß, sollten Sie nach einigen Kilometern noch einmal anhalten und ihm Gelegenheit geben, sich zu beruhigen und Gassi zu machen. Zur Auflockerung können Sie etwas mit ihm spielen, aber immer angeleint!

Bieten Sie dem Kleinen ca. alle zwei Stunden Wasser zum Trinken an. Verträgt er das Autofahren gut, bieten Sie ihn alle vier Stunden etwas zum Fressen an (Fleisch, eingeweichtes Trockenfutter etc.). Kein Trockenfutter, davon bekommt er nur zusätzlichen Durst. Wir geben unseren Welpenkäufern immer ein Tütchen mit gewohntem Futter (Fleisch und durchweichtes Trockenfutter) für die Reise mit. Schläft der Kleine, lassen Sie ihn schlafen, vielleicht sind Sie Zuhause, bevor er wieder aufwacht. Von den Erfahrungen bei den ersten Autofahrten hängt es ab, ob Ihr Bichon frisé auch als erwachsener Hund gerne im Auto mitfährt oder ständig Unbehagen verspürt, sobald er ins Fahrzeug einsteigen soll.

Ein Bichon-frisé-Baby erobert sein neues Zuhause

Bis zu dem Tag, an dem der kleine Bichon frisé seinen Züchter verlassen muss, war die Welt für ihn vollkommen. Er fühlte sich bei seiner Mama und den Geschwistern sehr wohl, ihm fehlte es an nichts. Die Trennung von seinem Züchterzuhause (wenn er ein gutes Zuhause hatte!) ist ein Schock und tiefer Einschnitt im Leben eines kleinen Bichon frisé. Er versteht nicht, was mit ihm geschieht und warum er plötzlich von allen getrennt wird. Was für ihn sicher und vertraut war, ist verschwunden. Ab jetzt ist, was er erlebt, sieht und riecht neu und fremd für ihn. Er fühlt sich furchtbar einsam und verlassen. Der neue Besitzer hat nunmehr die Pflicht, diesen Verlust auszugleichen. Ihr Bichon-frisé-Welpe braucht Sie dringend als Partner, als zuverlässigen Freund, Rudelführer und Tröster, dem er blind vertrauen kann, der ihm Sicherheit gibt und zeigt, wie das Leben in dem neuen „Rudel" funktioniert. Behandeln Sie Ihren kleinen Bichon frisé in der ersten Trennungsphase sehr behutsam und liebevoll. Bichon-frisé-Babys aus einer liebevollen und menschenbezogenen Aufzucht verkraften die Umstellung sehr schnell ohne große Komplikationen. Bereits nach ganz kurzer Zeit haben sie ihre neue Familie „fest im Griff".

Viele unserer Bichon-frisé-Welpen wurden mit dem Flugzeug, Zug, Omnibus, U-Bahn und na-

Timmi Timmel wohnt auf Rügen, er reist mit „kleinem" Gepäck

türlich im Auto in ihr neues Zuhause transportiert. Keiner hatte extreme Probleme oder Angstanfälle! Im Gegenteil, die Kleinen waren außerordentlich interessiert und verhielten sich auf der Heimreise ruhig und brav.

Bei der Ankunft in seinem neuen Zuhause müssen Sie Ihrem kleinen Bichon frisé Zeit für die Eingewöhnung lassen. Bitten Sie Ihre Kinder, sich im Umgang mit dem Welpen zurückzuhalten. Jeder kommt zu seiner Schmuse- und Spielstunde, nur eben noch nicht sofort.

Je nach Temperament, Charakter und Erfahrungen, die der kleine Bichon frisé beim Züchter sammeln konnte, besser gesagt sammeln durfte, reagiert er von nur ein bisschen unsicher über ängstlich bis panisch, auf die vielen neuen Eindrücke. Dieses Verhalten legt sich meist sehr schnell, sobald die aufregende Eingewöhnungsphase überstanden ist.

Zeigen Sie Ihrem Welpen seinen neuen Futterplatz, eine gefüllte Schüssel wäre toll. Geben Sie Ihm Gelegenheit, sich in aller Ruhe umzusehen. Halten Sie diesen Bereich unbedingt begrenzt, lassen Sie den Kleinen niemals aus den Augen oder unbeobachtet im ganzen Haus umherlaufen! Setzen Sie sich auf den Fußboden, sprechen Sie in einer freundlichen, normalen Stimme mit ihm. Bald wird der Kleine vertrauensvoll zu Ihnen kommen, um seine Streicheleinheiten abzuholen.

Vermeiden Sie unbedingt einen mitleidsvollen Tonfall, das würde seine Unsicherheit nur verstärken. Sie wissen ja: Worte sind nur Schall und Rauch für einen Bichon frisé!

Bewegen Sie sich normal, niemand braucht auf Zehenspitzen zu laufen oder zu flüstern, nur damit der Welpe sich nicht erschreckt. Schalten Sie den Fernseher oder Musik an, erledigen Sie nötige Hausarbeiten, Staubsaugen, Kochen usw. Zeigen Sie dem Hündchen durch Ihr Verhalten, dass alles in Ordnung ist. Erzählen Sie ihm einfach, wie glücklich alle sind, dass er nun bei Ihnen wohnt. Schauen Sie Ihr Bichon-frisé-Kind dabei an und lächeln Sie. Ihre freundliche Stimme und fröhliche Art wird ihm schnell vermitteln, dass er keine Angst zu haben braucht.

Rufen Sie den kleinen Kerl immer mit seinem Namen, so lernt er schnell, wann er gemeint ist. Belohnen Sie ihn am Anfang immer mit einem kleinen Leckerchen, wenn er auf seinen Namen reagiert und zu Ihnen geflitzt kommt. Das behält er als gute Erfahrung, später reicht schon ein einfaches Lob und Streicheln.

Ein regelmäßiger Tagesablauf (feste Futterzeiten, Spielstunden, Spazieren gehen, Ruhezeiten etc.) erleichtert das Zusammenleben ungemein. Welpen brauchen Regelmäßigkeit in ihrem Leben, so wissen sie, was kommt und werden immer selbstsicherer.

Nervenstarke Welpen haben einen tiefen Schlaf, sie wachen auch bei lauten Umgebungsgeräuschen kaum auf. Die menschlichen Mitbewohner können sich ungezwungen bewegen, niemand braucht extra leise zu sein. Müssen Sie den Welpen wecken, streicheln Sie ihn leicht und sprechen ihn an. Reißen Sie den Welpen niemals grob aus dem Schlaf.

Achten sie unbedingt darauf, dass Ihre Kinder den kleinen Bichon frisé nicht beim Schlafen und Fressen stören und ihn auf seinem Rückzugs- und Schlafplatz in Ruhe lassen!

Wichtig: Schläft ein Welpe, lassen Sie ihn schlafen!

Honey Dream`s B`Sofie, 7 Wochen alt

Honey Dreams Nicki 9 Wochen alt, Bes. Familie Soppa

Sicherheit in allen Lebenslagen

Ein Welpe benötigt einen sicheren Ort, an den er sich zurückziehen und wo er schlafen kann. Dieser Platz muss in der Anfangszeit unbedingt in der Nähe seiner Menschen sein!

Wir empfehlen unseren Welpenkäufern ein Kinderlaufställchen oder Reisebettchen mit Rädern anzuschaffen. So kann die „Welpenhöhle" leicht vom Wohnzimmer ins Schlafzimmer oder in andere Räume gerollt werden. Die Größe sollte 1 m x 1 m nicht wesentlich unterschreiten. Laufställchen aus Kunstleder mit engmaschigem PVC Netz lassen sich gut reinigen, wiederstehen aber den spitzen Zähnchen nicht lange. Holzställchen sind besonders gut geeignet und wesentlich stabiler. Allerdings haben die Sprossen meist einen zu großen Abstand, der Welpe könnte entlaufen oder sein Köpfchen einklemmen. Mit Plexiglasscheiben (50 cm hoch, 5 mm stark) können Sie die Sprossenwände verkleiden. So hat der Welpe eine gute Aussicht und ist sicher untergebracht. Ein stabiler Karton mit mind. 50 cm hohen Rand tut es in den ersten Tagen sicherlich auch, allerdings nur so lange, bis der Kleine anfängt den Karton „aufzufressen". In seinem Laufstall oder selbstgebauten Welpenauslauf mit etwa 60 cm hohen Wänden (Zimmerecke abtrennen) haben Sie Ihr unternehmungslustiges Hündchen immer unter Kontrolle. Vor allem nachts, bei Ihrer Abwesenheit oder wenn Sie momentan keine Zeit für ihn haben, wissen Sie ihn in gefahrloser Umgebung. Hier kann er schlafen, spielen, an seinen Kauknochen knabbern. Ihre Möbel, Schuhe und Teppiche werden es Ihnen danken, dass der kleine, gelangweilte Bichon frisé nicht unbeobachtet auf Entdeckungstour gehen kann.

Honey Dreams Georgie, Nicki, Hanni, Bee

Stellen Sie den Lauf-
stall in den Raum, in
dem sich die Fami-
lie tagsüber haupt-
sächlich aufhält, der
Welpe soll ja nicht
ausgesperrt, sondern
nur unter Kontrol-
le gehalten werden.
Zudem gewöhnt er
sich frühzeitig dar-
an, dass er Sie nicht
auf Schritt und Tritt,
überall hin begleiten
kann. Die Gewöh-

Honey Dreams Mama mit Kindern

nung an dieses Welpenställchen bereitet im Normalfall nicht viele Umstände.
Beim Züchter hatten die Welpen sicherlich einen Welpenauslauf, in dem sie
bleiben mussten, wenn er sich nicht mit ihnen beschäftigen konnte. Ebenfalls
nachts waren sie in ihren Welpenbereich untergebracht. Hat Ihr Hündchen
sein neues Laufställchen akzeptiert, ist bereits der Grundstein zum späteren
„Alleine bleiben" bewältigt.
Legen Sie eine Moltex (saugende, wasserdichte Krankenunterlage) tagsüber
auch Spielzeug sowie einen Kauknochen in seine „Höhle", damit der Kleine sich alleine beschäftigen kann. Wasser muss ebenfalls immer für ihn er-
reichbar sein. Wir empfehlen unseren Welpenkäufern dort auch zu füttern, so
„liebt" der Kleine diesen Platz. Sperren Sie Ihren Welpen niemals zur Strafe
in seinen Laufstall, er soll sich dort wohlfühlen und keine Strafe absitzen.
Welpen sind nie sofort stubenrein, aber ihren Schlafplatz verunreinigen sie nur
ungern. Wird Ihr Liebling unruhig, bringen Sie ihn zu seiner „Toilettenecke".
So ist schon der erste Schritt zur Stubenreinheit getan.

Die ersten Nächte in der Fremde

In den ersten Nächten mit Ihrem Bichon-frisé-Baby wird es wahrscheinlich etwas lebhaft zugehen, er vermisst seine Geschwisterchen und seine gewohnte Umgebung. Viele Welpenkäufer meinen, dass der Welpe doch sicherlich seine Mama vermisst, dies ist nicht so. Die Hundemutter schläft ab etwa der sechsten Lebenswoche meist nicht mehr bei ihnen. Die Kleinen würden ihr auch keine Ruhe lassen.

Früher wurden junge Hunde in ihrem neuen Zuhause einfach alleine in ein Zimmer gesperrt. Ihr lautes Geheul wurde ignoriert oder hart bestraft, so sollten sie daran gewöhnt werden, alleine zu bleiben. Züchter und Besitzer wussten es damals nicht besser, sie haben sich meist nicht mit den arteigenen Bedürfnissen von Hunden auseinandergesetzt.

Heutzutage haben unsere Welpen mehr Glück! In der Verhaltensforschung wurden in den letzten Jahren große Fortschritte gemacht. Als wertvolle Hilfe und zum Verständnis für die Eigenarten von Hunden, sind diese Forschungen und Erkenntnisse für Züchter und Besitzer unentbehrlich.

Lassen Sie Ihr Bichon-frisé-Baby nie alleine in der ersten Zeit, auch nicht nachts! Für einen Welpen gibt es nichts Schrecklicheres als verlassen bzw. allein gelassen zu werden. Welpen haben eine angeborene Todesangst, sie verfallen in Panik, jaulen und weinen herzzerreißend.

Bedenken Sie, der Hund ist „nur" ein domestizierter Wolf! Mit lautem Jaulen und Bellen ruft ein Welpe, der sich zu weit vom Bau entfernt hat, sein Rudel. In der Natur ist ein verlassener Welpe, ein toter Welpe, das weiß auch ein Bichon-frisé-Baby.

Stellen Sie den Laufstall, Käfig, Karton, Wäschekorb o. ä. mit hohem Rand vor Ihr Bett. Der hohe Rand verhindert, dass der Bichon frisé seinen Schlafplatz unbemerkt verlassen kann, sobald es ihm zu langweilig wird oder er Gassi muss. Denken Sie nicht, dass er die ganze Nacht ruhig vor Ihrem Bett durchgeschlafen hat, nur weil Sie ihn beim Aufwachen dort vorfinden. Was er wirklich angestellt, erkundet und gegebenenfalls erobert hat, sehen Sie spätestens nach dem Aufstehen. Haben Sie keine sichere Unterbringungsmöglichkeit, leinen Sie den Hund vor Ihren Bett an, sicher ist sicher! Nach einigen

Tagen und Nächten ist alles Routine. Ihr Baby wird mehr oder weniger brav, auf dem ihm zugewiesenen Platz schlafen.

Wo soll der Bichon-frisé-Welpe schlafen?

In der ersten Nacht will der „arme" kleine Kerl wahrscheinlich nicht freiwillig in der fremden Umgebung bleiben, er möchte viel lieber zu Ihnen ins Bett. Vorsicht, fällt oder springt er aus dem Bett, weil er Gassi muss oder es ihm zu warm wird, können böse Unfälle geschehen. Hat er Angst aus dem hohen Bett zu springen, wird er wohl oder übel Ihr Bett verunreinigen.
Wird Ihr Hündchen unruhig, bringen Sie ihn zu seinem Löseplatz, danach legen Sie ihn wieder in sein Welpenställchen. Verhält er sich weiter unruhig, fühlt er sich einsam, sprechen Sie etwas mit dem Kleinen, er weiß dann, dass seine Menschen bei ihm sind. Lassen Sie sich erweichen und der Bichon-frisé-Welpe darf in Ihrem Bett schlafen, haben Sie gewiss in der ersten Nacht vorerst Ruhe, aber einen Bettnachbarn fürs Leben, gleichfalls in Situationen, wo es Ihnen gerade nicht recht ist. Bedenken Sie, der Hund ist auch mal nass und schmutzig, eine läufige Hündin würde ebenfalls einige Blutstropfen auf der Bettwäsche hinterlassen. Die Entscheidung, wo Ihr Bichon-frisé-Baby schlafen soll, liegt ganz bei Ihnen! Füttern Sie Ihren Welpen gegen 21.00 Uhr und ab einem Alter von ca. 15 Wochen um 18.00 Uhr das letzte Mal. So ist bis zur Bettgehzeit ein großer Teil wieder nach draußen gelangt. Kleine Hündchen schlafen mit „leeren" Magen und Blase ruhiger und vor allem länger durch. Bevor Sie schlafen gehen, sollte Ihr Hund auch wenn er erwachsen ist, Gelegenheit zu einem späten „Toilettenbesuch" bekommen.

Unbedingt beachten:

Oftmals sind sehr junge Welpen nachts im neuen Zuhause sehr unruhig und lassen sich nicht oder nur sehr schwer beruhigen. Wahrscheinlich haben sie Hunger.10 oder 12 Std. ohne Nahrungsaufnahme ist zu lang. Kleinhundewelpen unter 14 Wochen sollten nicht länger als etwa 6 Std. ohne Futter bleiben, die Gefahr einer Unterzuckerung ist gegeben.

Verletzungs- und Unfallgefahren

Bichon-frisé-Kinder sind ausgesprochen neugierig und entdeckungsfreudig. Sie erkunden ihre Umwelt in erster Linie mit ihren spitzen Zähnchen. Nichts ist vor ihnen sicher!

Große Schäden und Verletzungen verhindern Sie, indem der Kleine nicht ohne Aufsicht überall in Haus und Garten alleine herumlaufen darf. Teppich-brücken rollen Sie besser auf und stellen sie für einige Zeit weg. Wertvolle Möbel gut bewachen. Bodenvasen in Sicherheit bringen. Überhaupt sollte alles für einige Zeit in Sicherheit gebracht werden, was herunterfallen, für den Welpen gefährlich oder von ihm zerstört werden kann. Sie müssen in der ersten Zeit ein echtes Krabbelkind „bewachen"! Alles wird untersucht und eventuell „probiert". Stromkabel und Zimmerpflanzen (giftig?) findet er besonders aufregend! Das Verschlucken von Legosteinen, Plastikteilen, Näh-nadeln, Teilen von Stofftieren (Augen, Nase), Zigaretten, offen herumliegen-den Medikamenten usw. ist keine Seltenheit! Herunterhängende Tischdecken, Teppichecken und -fransen, Schuhe, Schränke, nichts ist vor kleinen Hunden sicher. Reinigungs- und Desinfektionsmitteln kann ein Hund kaum widerste-hen, das Auflecken solcher Flüssigkeiten kann tödlich sein!
Knabbert Ihr Bichon frisé trotz aller Vorsicht den Teppich oder Sessel an, ge-hen Sie ruhig zu ihm und sagen streng: „Nein, pfui ist das." Schieben Sie ihn unsanft weg und geben ihm zur Ablenkung einen Kauknochen. Loben Sie ihn, wenn er dann auf seinen Knochen herumkaut.
Natürlich wird er die Sache mit dem Teppich etc. noch einige Male probieren. Merkt der kleine Wirbelwind, dass er Sie in helle Aufregung versetzt und Sie sich so schön aufregen, wird für ihn ein lustiges Spiel daraus. Bleiben Sie ruhig und vor allem konsequent. Zeigen Sie Dominanz. Wenn er keinen Er-folg hat, wird das „Spiel" für ihn uninteressant. Im Garten lauern mindestens genauso viele Gefahren wie im Haus oder der Wohnung. Kontrollieren Sie, ob giftige Pflanzen vorhanden sind. Notfalls einen Gärtner fragen.
Pflanzenschutz- und Düngemittel sowie Schneckengift sind giftig. Ratten- und Mäusegift wirkt auch bei einem Hund tödlich. Der süßliche Geruch von

Samson im Wasser

Frostschutzmittel (Auto) zieht einen Hund magisch an! Ist Ihr Gartenzaun ausbruchssicher, auch in den hintersten Winkeln und nahe am Boden? Lauern weitere Gefahren wie zum Beispiel Abwasserrohre, Swimmingpool, Gruben etc. im Garten? Überlegen Sie bitte sehr genau! Vor steilen Treppen bringen Sie besser ein Schutzgitter an, offene Stufen in der ersten Zeit mit fester Pappe, von hinten sichern, somit kann der kleine Draufgänger nicht herunterpurzeln und sich dabei den Hals brechen!

Sie werden gezwungen sein Ihre Augen überall zu haben. Man glaubt gar nicht, was so ein kleiner Bichon-frisé-Welpe alles entdeckt, und wie viel Blödsinn er anstellen kann!

Spielen, spielen.....

Spielen ist für einen Bichon frisé (genau wie für Menschenkinder) wichtig, für Welpen lebenswichtig. Kinder lassen im Spiel ihrer Phantasie freien Lauf und ahmen oftmals das Verhalten Erwachsener nach. Sie imitieren Feuerwehrmänner, Doktoren, Zugführer usw. Spielen ist nichts anderes als Lernen fürs Leben. So verhält es sich ebenfalls mit kleinen Hunden.

Bichon-frisé-Welpen fangen ab etwa vier Lebenswochen an miteinander zu spielen. Am Anfang nur wenig, aber je älter sie werden, umso wilder und ausdrucksstarker wird ihr Spielverhalten. Anpirschen, Fangen und Jagen von „Beute" jeder Art, Ziehen und Zerren an Baumwollseilen, ebenso sind Kampfspiele besonders beliebt. Im Spiel darf auch das rangniedrige Geschwisterchen mal

Sieger sein. Die Geschicklichkeit und Motorik der Kleinen wird trainiert und Muskeln aufgebaut. Spielen bereitet kleine Hündchen aufs Leben vor. Unter anderem lernen Welpen im Spiel Sozialverhalten unter Artgenossen und die „Hunde-Körpersprache". Wann sind fremde Hunde freundlich, wann sind sie kampfbereit, wann wollen sie spielen? Hunde verständigen sich auf unterschiedlichste Art, grob kann man unterscheiden zwischen körperlicher,

Dancer und seine große Pudelfreundin Tiffany sind sehr gut sozialisiert, nur so klappt das gefahrlose und friedliche Zusammenleben zwisch Groß und Klein.

lautsprachlicher und olfaktorischer (den Geruchsinn betreffend) Kommunikation. Im Beherrschen der Körpersprache sind sie Meister. Alleine ein fast unsichtbares Ohrenzucken, Ohrenstellung, Blick, Gesichtsmimik, Stirnrunzeln, Beinhaltung, Kopf-, Körper- und Rutenhaltung, Fellsträuben etc. reicht, um zu begreifen, was der andere von ihm will.

Auch Menschen erkennen anhand der körperlichen Ausdrucksweise eines Hundes seine momentane Stimmung deutlich. Ist er aggressiv, ängstlich usw.?

Genau wie Ihr Bichon frisé die Hundesprache beherrscht, wird er bald verstehen, wie menschliche Mimik und Gebaren funktionieren. Er wird jedes Familienmitglied eingehend beobachten und ihre Eigenarten registrieren, bald kennt er alle in- und auswendig.

Sobald der Welpe bei Ihnen einzieht, sind Sie und Ihre Familie seine Spielkameraden. Vermeiden Sie den Kleinen mit Dingen (Kinderspielzeug, Schuhe, Handtücher etc.) spielen zu lassen, die nicht für ihn bestimmt sind. Schuhe sind Schuhe, ob alt oder neu! Auch im Spiel sollten Sie immer der Rudelführer sein. Gehört Ihr Hündchen zu den ganz „frechen" müssen Sie ihm spielerisch vermitteln, dass er sich unterordnen muss. Legen Sie ihn ab und zu auf den Rücken und kraulen ihn, er muss ganz entspannt liegen, ohne sich zu wehren. Schüchterne und unsichere Welpen dürfen öfters im Spiel gewinnen und mit der Beute stolz herumwedeln. Das stärkt ihr Selbstvertrauen.

Geeignetes Spielzeug

Kauknochen aus Büffelhaut, Schweineohren, Ochsenziemer usw. sind immer beliebt. Bichon frisé haben ein verstärktes Kaubedürfnis und vertreiben sich gerne die Zeit mit diesen Knochen. Vor allem im Zahnwechsel, wenn es im Schnäuzchen juckt und zwickt, verschaffen Kauartikel Ihrem Hündchen große Erleichterung. Spielzeug sollte aus Latex, Baumwolle, ungefärbtem Leder oder anderen ungefährlichen Materialien bestehen. Besonders beliebt ist Spielzeug, das quietscht. Allerdings wird die Quietsche als erstes demontiert. Informieren Sie sich in einem Fachgeschäft oder auf einer großen Hundeausstellung, was es Neues auf dem Hunde-Spielzeugmarkt gibt. Beliebt sind „Denkspiele" für Hunde. Bichon frisé lernen schnell mit welchem Trick sie an die begehrten Leckerchen kommen und sind mit Begeisterung dabei
Achten Sie unbedingt auf die Größe des Spielzeuges. Ihr Bichon-frisé-Welpe wächst schnell, der Lieblingsball könnte plötzlich viel zu klein sein, so dass Gefahr durch Verschlucken besteht.
Vorsicht, der Bichon frisé neigt dazu, sein Spielzeug aufzufressen. Sobald Sie bemerken, dass Ihr Hund anfängt das Spielzeug zu zerlegen, müssen Sie es ihm unbedingt sofort wegnehmen.
Kinderspielzeug ist für Hunde meistens ungeeignet!

Die ersten Spaziergänge - Treppensteigen

Spaziergänge über 30 Minuten können sie mit ihrem neun bis zwölf Wochen alten Bichon frisé noch nicht unternehmen. Welpen werden schnell müde, ihre Gelenke und Knochen würden auf längeren Wanderungen zu sehr belastet. Spielen Sie vorzugsweise mehrfach am Tag im Haus oder im Garten mit dem Kleinen. Wird er müde und kann sich nicht mehr konzentrieren, hört er von alleine auf. Ein Welpe muss noch viel schlafen, genauso wie ein Menschenbaby, er braucht diese Ruhephasen dringend. Oftmals muss der Bichon-frisé-Welpe von seinem Besitzer zur Ruhe „gezwungen" werden, besonders wenn noch Kinder im Haus leben und wilde Spiele mit Verfolgungsjagden über längere Zeit stattfinden

Ab ca. vier Monaten kann der Spaziergang etwas länger ausfallen, die Kleinen sind dann schon recht flott und ausdauernd..

Ein junger Bichon frisé bis etwa vier Monate sollte nicht unzählige Male am Tag viele Treppenstufen steigen müssen. Kniescheiben-, Hüft- und Wirbelsäulenschäden könnten die Folge sein.

Die meisten Welpen laufen am Anfang nur Stufen hoch, sie trauen sich dann aber nicht wieder hinunter und jammern oben. Tragen Sie Ihren Bichon-frisé-Welpen besser die Treppe runter, bis er etwa 16 Wochen ist. Bewältig der junge Hund von alleine eine Treppe, ist das sicherlich in Ordnung. Bichon frisé haben ausgesprochen muskulöse Hinterbeinchen, sind sehr sportlich und können ausgezeichnet springen und klettern.

Gute Manieren muss auch ein Bichon frisé erst lernen

Viele neue Hundebesitzer und sogar vereinzelte Züchter sind der Meinung, dass ein Kleinhund keine Erziehung benötigt. Alleine bleiben, Stubenreinheit, Gehorsam, Pfui, Sitz etc., alles muss ein Bichon-frisé-Baby erst von seinem Besitzer lernen. In Lebensgemeinschaften wie Familien, Rudeln, Herden usw. muss jedes Mitglied seinen Platz kennen, feste Regeln einhalten und Arbeiten erfüllen. Geht keiner auf die Jagd, verhungert das ganze Rudel. Dürfen alle Hündinnen eines Rudels Babys bekommen, ist nicht für alle Welpen ausreichend Futter vorhanden.

Beginnen Sie mit der Erziehung Ihres Bichon-frisé-Welpen, sobald er bei Ihnen angekommen ist.

Lassen Sie Ihren Hündchen sich nicht erst „schlechte Angewohnheiten" aneignen, es bedarf dann viel mehr Durchsetzungsvermögen als normalerweise, bis Sie dem kleinen Wicht seine Unarten wieder abgewöhnt haben. Schlechte Angewohnheiten sind alles das, was Sie beim erwachsenen Hund nicht dulden würden! Viele Wege führen zum Erfolg, jeder Hundehalter und Züchter hat sicherlich sein „Geheimnis" in der Hundeerziehung. Alle Erziehungstipps, die ich hier beschreibe, sind von uns erprobt und funktionieren beim Bichon frisé ausgezeichnet. Der Bichon frisé ist kein rohes Ei, aber mit Härte und Grobheiten erreicht man bei diesen verständigen und schlauen Hund nichts, er schaltet auf stur oder zieht sich gekränkt zurück. Wir vertreten die Meinung, dass der Bichon frisé nur mit viel Liebe, Lob und Konsequenz *LLK* erzogen werden kann. Ein Bichon frisé kann immer nur widerspiegeln, was sein Halter aus ihm macht!

Wie kommuniziere ich mit meinen Bichon frisé?

Worte sind nur Schall und Rauch

Oftmals kommt es zwischen Herr und Hund zu Verständigungsschwierigkeiten. Wütend fragt sich der Besitzer: „Warum hört mein Hund nicht auf mich, versteht der mich nicht, ich spreche doch kein chinesisch?" Doch, für einen Hund sprechen Sie chinesisch! Erst nach und nach, durch ständiges Wiederholen der Wörter in einem bestimmten Zusammenhang, ergeben Worte für ihn einen Sinn.
Soll er lernen sich hinzulegen, sagen Sie „(Name)... Platz", somit bringen Sie dem Hund bei, dass bei bestimmten Wörtern eine festgelegte Handlung oder Reaktion (hinlegen) von ihm erwartet wird. Gleichfalls würde er Platz machen, wenn Sie ihm lehren, sich bei den Worten „Grün" oder „Badewanne" hinzulegen. Im Zirkus können wir „schlaue" Hunde bestaunen, die nicht auf Kommando das tun, was ihnen gesagt wurde. Wir amüsieren uns köstlich über den pfiffigen Hund, der durch einen Reifen springen soll, sich aber auf den Popo setzt und Männchen macht. Haben Sie jetzt den Trick durchschaut? Sie wissen ja, menschliche Worte sind für einen Hund nur Schall und Rauch.

Der Ton macht die Musik

Nicht nur erlernte Worte, sondern die Tonlage der menschlichen Stimme ist bei der Verständigung mit dem Bichon frisé ein wichtiges, man könnte beinahe sagen das wichtigste Kommunikationsmittel. Rufen Sie den kleinen Kerl in einer drohend klingenden Stimme, wird er sicherlich nicht mit Freude, wenn überhaupt, zu Ihnen kommen. Er empfindet diesen Tonfall als bedrohlich und hat Angst. Schimpfen Sie in einem freundlichen Ton, wird er nicht wissen, dass Sie verärgert sind. Er wird auf Ihre freundliche Stimme ebenfalls freundlich reagieren, egal welche Worte Sie sagen. Das Ende vom Lied: Sie und Ihr Hund haben Schwierigkeiten mit der Verständigung. Lernen Sie mit dem Tonfall Ihrer Stimme zu „spielen". Übertreiben Sie am Anfang ruhig, einer zärtlichen, singend hohen Stimme widersteht kein Welpe. Verwenden Sie keine langen Sätze, sondern kurze und prägnante Hörzeichen. Ein „Bitte" und weitere Erklärungen sind unnötig. „Charly, geh bitte vom Sofa runter" ist viel zu lang. „Charly, runter!", in einem scharfem Ton, reicht völlig aus. Sie haben einen Hund zu erziehen, kein Menschenkind. Autorität ist in der Erziehung auch beim Bichon frisé unbedingt von Nöten. Sie brauchen nicht höflich zu Ihrem Hund sein, Sie sind der Boss!

Mit einem Bichon frisé muss man nicht schreien. Er hört wesentlich besser als Sie, auch wenn es nicht immer so aussieht. Je leiser Sie sprechen, umso aufmerksamer wird Ihr Hund, probieren Sie das mal aus.

Gehorsam muss dem Bichon frisé artgerecht vermittelt werden!

Erst Aufmerksamkeit und Motivation machen Hunde bereit zu lernen. Bevor Sie mit Ihren Bichon frisé zu üben beginnen, bereiten Sie ihn auf die „Arbeit" vor. Sprechen Sie ihn lebhaft und motivierend an, Sie lenken so seine ganze Aufmerksamkeit auf Ihre Person. Der Hund wird neugierig und ist gespannt, was nun kommt. Benutzen Sie immer dieselben Worte und Rituale, wenn es losgeht. Ein gutes Mittel in der Hunderziehung ist die Belohnung! Eine Belohnung kann nur streicheln, ein Leckerchen oder spielen usw. sein.

Konditionieren Sie Ihren Bichon frisé, Gehorsam muss ihm in Fleisch und Blut übergehen! Das Geheimnis des Erfolges liegt darin, dass die Belohnung direkt erfolgen MUSS!

Nach dem Befehl „Platz" legt sich der Bichon frisé hin und bekommt innerhalb einer ½ Sekunde die Belohnung. Ihr Hunde empfindet das als sehr positiv und merkt sich Ihr vorbildliches Verhalten. Belohnen Sie Ihren Kleinen jedes Mal sofort, „brennt" sich das in kurzer Zeit für immer in sein Gehirn ein. Gehorsam sein kommt dann aus dem Reflex heraus. Unterstützen Sie Ihren Bichon frisé durch immer gleiche Handzeichen bei bestimmten Kommandos, wird er noch schneller lernen. Beim Befehl „Sitz" heben Sie dabei Ihren Zeigefinger. Später reicht schon das Handzeichen und Ihr Hund versteht sofort, welches Kommando er ausführen soll.

Hunde sind nicht dumm, Menschen müssen nur lernen, mit ihnen zu kommunizieren.

Ein bisschen Erziehung muss sein!

Aller Anfang ist schwer

Die Erziehung Ihres Bichon-frisé-Welpen beginnt mit dem Einzug in sein neues Zuhause.
Erlauben Sie ihm heute nichts, was Sie morgen verbieten, das verwirrt den Kleinen.
Bichon frisé müssen mit viel Liebe, Lob und vor allem Konsequenz (LLK) erzogen werden.
Antiautoritäre Erziehung versteht ein Hund nicht. Er unterscheidet ja und nein, mit einem Vielleicht kann er nichts anfangen. Sind Sie in seinen Augen nicht fähig sein Rudel zu führen, muss er diese Aufgabe halt selber übernehmen. Im Rudel - Sie und Ihre Familie sind sein Rudel - herrscht eine strenge, aber gerechte Hierarchie!
Die Charaktere der einzelnen Junghunde sind sehr unterschiedlich, einer schäumt über vor Temperament, der andere ist etwas ruhiger. Durch ihre Neugierde und schnelle Auffassungsgabe sind der ruhige und der impulsive Bichon frisé gleichermaßen leicht zu erziehen.
Einem kleinen übermütigen Bichon frisé zu lehren, wie er sich gesittet in einem Menschenrudel zu benehmen hat, erfordert etwas Durchsetzungsvermögen. In

den Lehrstunden, natürlich sind es immer nur wenige Minuten, sollten Sie mit dem kleinen Wildfang alleine, ohne dass er von anderen Hunden oder Personen abgelenkt wird, üben. Sein kleines Köpfchen kann sich noch nicht so intensiv auf eine Sache konzentrieren. Nach und nach können Sie mit ihm auch unter Ablenkung trainieren. Bereits der kleine Bichon frisé muss lernen und begreifen, dass Ihre Befehle wie „Sitz", „Platz", „komm", „Pfui" usw. in allen Situationen bindend für ihn sind.

Der Bichon frisé neigt als Welpe, besonders in seiner Jugend- und Flegelphase, zu einer dickköpfigen und wehleidigen Art. Sobald Sie etwas von ihm verlangen, wozu er im Moment überhaupt keine Lust hat, z. B. Kämmen,

Uriella ist erst 6 Wochen alt und schon eine große Denkerin

Ohren säubern oder Zähne kontrollieren, wird er versuchen sich zu wehren und „Hilfe und Gewalt" schreien. Sie werden fürchterlich erschrocken sein über Ihren armen kleinen Schatz, der ja so viel Angst hat und lassen ihn auf Grund dessen in Ruhe, bedauern ihn womöglich noch ausgiebig. Sie machen den größten Fehler! So bestärken Sie Ihren Welpen in seinem undisziplinierten, wehleidigen Verhalten. Dieser Bichon frisé wird jedes Mal wieder versuchen, gleichwohl er älter geworden ist, sich in unmöglicher Art und Weise, allem Unangenehmen zu entziehen, eventuell unter Einsatz seiner kräftigen Zähne.

Verhalten Sie sich konsequent und freundlich, zeigen Sie dem kleinen Herzchen ganz deutlich, von Anfang an, dass Sie der Chef sind, und er sich nach ihnen zu richten hat. Behaupten Sie sich und bleiben standhaft, ändert sich das Benehmen Ihres kleinen „Raubtiers" schlagartig. Plötzlich wird aus dem Löwen ein braves Lämmchen. Der Bichon frisé hat gelernt, dass Sie der Boss sind und die Richtung angeben. Er wird Ihre Berührungen und Befehle sowie die damit verbundenen „Strapazen" auch dann akzeptieren, wenn er gerade etwas ganz anderes im Sinn hatte.

Verlangen Sie nicht zu viel und alles auf einmal von Ihrem kleinen Hündchen, Sie überfordern ihn sonst vollkommen. Bis zum Alter von etwa 14 Wochen ist der Bichon frisé ein „Säugling". Üben Sie öfters am Tag, aber immer nur kurz, drei bis vier Minuten reichen. Seien Sie nicht enttäuscht, wenn's nicht auf Anhieb klappt, viel Geduld einplanen! Loben NIEMALS vergessen!

Lernen soll Ihrem Kleinem Spaß machen und nicht einschüchtern! Ein Bichon frisé, der mit Liebe, Lob und Konsequenz *LLK* er- und aufgezogen wurde, ist ein entzückendes Familienmitglied und ein charmanter Begleithund.

Sitz

Die ersten Übungen sollten praktisch sein und zum täglichen Gebrauch gehören Vor dem Gassi gehen und Anleinen ist diese Übung besonders vorteilhaft.

Halten Sie Ihren Bichon frisé am Halsband fest und drücken mit der anderen Hand leicht sein Hinterteil nach unten. Sagen Sie „Sitz". Wenn er sitzt, geben Sie ihm ein Leckerchen. Achten Sie darauf, dass der Kleine nicht sofort wieder aufspringt. Lassen Sie ihn einige Sekunden sitzen, erst mit dem Befehl „Lauf" darf er wieder aufstehen.

Platz

Beherrscht Ihr Bichon frisé „Sitz", beginnen Sie mit der Übung „Platz". Lassen Sie den Hund sitzen und sagen „Platz". Ziehen Sie seine Vorderbeine langsam nach vorne, bis er liegt. Streicheln Sie den Hund und legen ihm zwischen die Vorderpfoten ein Leckerchen, so bleibt er von alleine liegen. Mit der Hand in Richtung Fußboden zeigen und „Platz" wiederholen, achten Sie darauf, dass der Kleine sich nicht sofort wieder aufrichtet. Bleibt er entspannt liegen, darf er nach dem Befehl „Lauf" aufstehen.

Eine weitere Methode:

Lassen Sie den Bichon frisé „Sitz" machen, halten Sie ihm dann ein Leckerchen vor die Nase und führen es langsam vor seine Pfoten. Um an das Leckerle zu kommen, muss er sich hinlegen. Sagen Sie „Platz", nach einigen Sekunden darf er seine Belohnung auffressen. Entlassen Sie ihn aus der „Platzübung" mit „Lauf".
Der Befehl „Lauf" ist wichtig, da der Hund so lange liegen oder sitzen bleiben muss, bis er von Ihnen wieder entlassen wird.

Bleib

Hat der junge Bichon frisé verstanden, was „Sitz" und „Platz" bedeuten, kann „Bleib" geübt werden. Bei „Bleib" muss er so lange auf der Stelle liegen oder sitzen bleiben, bis Sie ihm erlauben wieder aufzustehen. Gehen Sie am Anfang nur ein bis zwei Schritte von ihm weg, sagen Sie „Bleib", einige Sekunden warten, zum Hund zurückgehen und ihn nach weiteren Sekunden mit „Lauf" entlassen. Nach und nach dehnen Sie die Entfernung und die Bleibezeit aus. Wenn die Übung verlässlich funktioniert, können Sie Ihren Bichon frisé z.B. in einer ruhigen Ecke ablegen, ohne dass er von alleine aufsteht und umherwandert, während Sie in der Schlange am Postschalter stehen.

Aus

Dieser Befehl kann lebensrettend für den Bichon frisé sein. Hat Ihr Hündchen etwas in der Schnauze, was er nicht soll, ist der Befehl „Aus" angebracht. Auch Ihre Stellung als Rudelführer unterstützt dieser Befehl. Sie sind der Boss und haben jederzeit das Recht dem Rangniedrigeren etwas wegzunehmen. Üben Sie „Aus" auch ab und zu, wenn Ihr Hund frisst. Der Kleine muss kampflos, ohne Knurren oder gar nach Ihrer Hand zu schnappen, von seinem Futter ablassen. Hat er sich korrekt verhalten, loben Sie ihn und lassen ihn in Ruhe weiter fressen. „Aus" lernt der Kleine schnell im Spiel. Beim „Tauziehen" schlagartig innehalten und scharf „Aus" sagen, dabei ganz still stehen, nicht weiterzerren. Gibt Ihr Bichon frisé die „Beute" nicht freiwillig heraus, wenden Sie den Schnauzengriff an. Greifen Sie mit der Hand über die Schnauze und drücken leicht seine Lefzen in die Zähne. Der Griff öffnet sein Mäulchen, nehmen Sie ihm dann das Tau weg, wiederholen Sie dabei „Aus". Bald hat der Bichon frisé begriffen, was Sie von ihm wünschen.

Pfui

„Pfui" wird genauso wie „Aus" geübt. „Pfui" ist alles, was der Bichon frisé nicht fressen, in die Schnauze nehmen und anknabbern darf. Ebenso ein Fehlverhalten, wie Pieseln am falschen Ort usw. Was „Pfui" ist, ist absolut tabu.

Wenn der Bichon frisé eine übertriebene Aufmerksamkeit fordert

Bichon frisé sind wie alle Hunde große Egoisten, sie versuchen ständig die Aufmerksamkeit auf sich zu lenken. Je nach Temperament und Alter in einer teilweise nervenden Art und Weise.

Dieses Verhalten sieht beim süßen Bichon-frisé-Baby noch ganz niedlich und possierlich aus. Bei einem Junghund und ausgewachsenem Bichon frisé ist so ein rüdes, aufdringliches Verhalten nicht mehr amüsant. Natürlich müssen Sie Ihrem neun bis zwölf Wochen alten Hündchen noch einiges nachsehen, schroffe Zurückweisungen sollten unterbleiben. In erster Linie geht es in der Anfangszeit darum, Vertrauen aufzubauen. Aber ein „Nein" ist ein „Nein", auch beim Bichon-frisé-Baby!

Sie müssen sich somit von Anfang an entscheiden! Dulden Sie das aufdringliche Verhalten des Welpen, wird auch der erwachsene Bichon frisé ständig von Ihnen eine „übertriebene" Aufmerksamkeit fordern. Gerade bei einem von Natur aus so intelligenten und liebebedürftigen Hund wie dem Bichon frisé ist eine Erziehung unbedingt notwendig. Der Kleine muss einfach lernen Frustrationen zu ertragen und zu bewältigen. Sie brauchen kein schlechtes Gewissen zu haben, nur weil Sie seinen unschuldigen Kulleraugen widerstehen können und sich durchsetzen. An einem gut erzogenen Bichon frisé werden Sie, wie auch Ihre Mitmenschen, mehr Freude haben. Oder wollen Sie einen

„Neurotiker" Ihr Eigen nennen? Sagen Sie, sobald er anfängt, zu aufdringlich und fordernd zu werden, ein scharfes NEIN", und bleiben Sie bei Ihrer im Moment ablehnenden Haltung. Eventuell müssen Sie etwas strenger sein und ihn ein- oder zweimal deutlich zurückweisen. Hat Ihr Bichon frisé sich einige Zeit ruhig und brav verhalten, loben Sie ihn kurz. So wird Ihr Liebling sehr schnell verstehen, wie weit er gehen kann und wann Schluss ist.

Der Bichon frisé hört „schlecht"

Auch der gehorsamste und liebste Bichon frisé stellt seine Ohren manchmal auf Durchzug, wenn beim Spaziergang etwas anderes für ihn viel interessanter erscheint als Ihr Rufen.

Rennen Sie niemals Ihren Liebling hinterher, den Wettlauf verlieren Sie, IMMER! Außerdem könnte der Hund vor Angst, oder weil er meint Sie spielen mit ihm, in eine gefährliche Situation hineinrennen. Bleiben Sie ruhig, auch wenn Sie innerlich vor Wut kochen oder vor Furcht zerfließen. Rufen Sie Ihren Liebling nochmals in einer hohen, singenden und interessant klingenden Stimme: „... (Name) schaaaau maaal, was ich hier habe." Klatschen Sie laut in die Hände und begeben sich in die Hocke, somit erscheinen Sie für den Hund kleiner, also weiter entfernt. Befolgt er Ihren Befehl, loben Sie ihn ausgiebig, sobald er bei Ihnen ist.

Erziehen Sie Ihren Bichon frisé besser mit einem kleinen „Zuckerbrot". So geht alles viel leichter. Kommt er auf Befehl zu Ihnen zurück, füttern Sie ihm jedes Mal ein Leckerchen, danach lassen Sie ihn aber unbedingt wieder laufen! Ihr Hündchen lernt so, dass es kein Nachteil für ihn ist, zu Ihnen zurückzukommen, und er danach weiter mit seinen Kameraden spielen oder rumschnüffeln darf. Er wird also in freudiger Erwartung immer wieder zu Ihnen kommen!

Stellt er sich taub, drehen Sie sich um und laufen rasch in eine andere Richtung, rufen Sie ihn zwei- bis dreimal dabei. Nun wird es dem Kleinen sicherlich mulmig. Sie gehen ohne ihn weg, er wird sich schnell entscheiden und hinter Ihnen herhetzen. Ist er endlich bei Ihnen angekommen, dürfen Sie auf KEINEM Fall falsch reagieren und ihn ausschelten oder gar hauen.

Ihre Handlungsweise bezieht er zu diesem Zeitpunkt nicht mehr auf sein Un-

Skovfryds Snow Ballantine genannt Charly, ist ein hochprämierter
Zuchtrüde

gehorsam, sondern nur auf sein Herankommen. Verhalten Sie sich jetzt Hund-
gerecht und loben Ihren „braven" Bichon frisé, obwohl Sie vor Wut schäumen.
Er muss IMMER mit einem lieben, freundlichen Verhalten von seinem Herren
belohnt werden, sobald er zu ihm zurückkommt, auch nach hundertmal Rufen. Ansonsten wird der intelligente Bichon frisé auf Ihr Kommando gar nicht
mehr reagieren, er vertraut Ihnen nicht mehr und hat dann einfach nur noch
Angst vor Ihnen!

Freifolgen

Reagiert Ihr Bichon frisé verlässlich und kommt nach Ruf sofort zu Ihnen zurück, können Sie ihn in sicherem Gelände auch ohne Leine laufen lassen. Dies
fördert das Freifolgen sowie den entspannten Kontakt mit Artgenossen. Verstecken Sie sich ab und zu hinter einem Baum und rufen Ihren Bichon frisé, wird

er ganz aufgeregt und sucht Sie. Hat er Sie gefunden, ist ein dickes Lob fällig. Durch diese einfache Übung lernt Ihr Liebling ganz schnell, dass er Sie beobachten muss, und Ihnen frei zu folgen hat, auch ohne Kommando. Dieses „Spiel" können Sie, sobald Ihr Welpe sich im Haus richtig auskennt, zu Hause üben.

Pc Danish Designe ist nicht nur schön, sie ist auch ganz besonders lieb und sensibel, eben eine echte Dame

Verstecken Sie sich z.B. im Badezimmer und der Welpe hört Ihre rufende Stimme, wird er aufgeregt nach Ihnen suchen. Der Kleine lernt so, Sie nicht aus den Augen zu lassen, und dass er Ihnen immer folgen muss.

Lästiges Anspringen - artgerechte Begrüßung

Hunde begrüßen ältere und ranghöhere Rudelmitglieder, indem sie deren Schnauze lecken. Mit dieser Geste besänftigen Sie die anderen. Das Lecken des Mundwinkels ist ein angeborenes Verhalten. Die Welpen betteln so bei ihrer Mutter, sie reagiert darauf und würgt ihren Kleinen Futter vor. Mit diesem Wissen wird für uns verständlich, warum der Hund uns anspringt und versucht an unseren Mundbereich zu gelangen.

Mit etwa fünf bis sechs Wochen bekommen Bichon-frisé-Babys ihre ersten Zähnchen. Die Mutter säugt ihre größer gewordenen Kinder dann überwiegend im Stehen. Um den Milchfluss anzuregen, massieren, genauer gesagt treten die Kleinen die Milchdrüsen mit ihren Pfötchen. Dieses Verhalten zeigt der Bichon frisé sein Leben lang in Form der Unterwürfigkeitsgeste, dem Pfötchen geben.

Um zu vermeiden, dass Ihr Bichon frisé ewig wie ein Gummiball an Ihnen hoch hopst, gehen Sie zur Begrüßung in die Hocke. Halten Sie Ihre Hand als Ersatz für die Mundwinkel hin. Drehen Sie Ihren Kopf dabei ein wenig zur Seite, sehen Sie den Kleinen nicht direkt in die Augen. So signalisieren Sie ihm deutlich, dass Sie freundlich gestimmt sind, und er kein aggressiv Verhalten von Ihnen zu erwarten hat. Streicheln und begrüßen Sie Ihren Bichon frisé nur, wenn er mit allen vier Pfoten Bodenhaftung hat. Halten Sie die Begrüßung insgesamt kurz, vermeiden Sie übermäßige Emotionen. Undisziplinierte Aufregung bei der Begrüßung ist ein vom Menschen antrainiertes und unterstütztes Verhalten. Hunde untereinander tun so etwas nicht.

An der Leine laufen

Das Halsband für einen Bichon frisé sollte aus weichem Nylonmaterial bestehen, mit einem Klickverschluss. So werden die Haare im Halsbereich geschont und nicht ständig rausgerissen. Eine normal lange Leine (ca. zwei Meter) und eine Flexileine (drei bis fünf Meter) für einen größeren, aber gleichzeitig sicheren Bewegungsradius, sollten ebenfalls zur Verfügung stehen.
Aller Anfang ist schwer, ganz besonders als „Kettenhund" an der Leine zu laufen. Ihr kleiner Bichon frisé wird diesem „Ding" mit Empörung zu entkommen versuchen. Schreien, auf den Rücken schmeißen, bocken wie ein Pferdchen, Luftsprünge, je nach Temperament Ihres Hundes werden Sie das ganze Repertoire erleben. Aber es hilft nichts, auch der unwilligste Bichon frisé muss lernen gesittet an der Leine zu laufen.
Legen Sie dem Kleinen nur ein gut sitzendes Halsband an, es darf maximal noch Ihr kleiner Finger zwischen Hals und Band passen. Wir gewöhnen unsere Bichon-frisé-Welpen mittels der Flexileine daran, an der Leine zu laufen. Am Anfang lasse ich den Welpen dahin gehen, wohin er will. Hat der Kleine sich an die Situation gewöhnt, beginne ich die Richtung zu bestimmen. Locken Sie Ihr Hündchen in liebevollem Tonfall, gehen Sie dabei rückwärts und belohnen ihn mit Streicheln, sobald er sich richtig verhält und Ihnen folgt. Vermeiden Sie den unsicheren Hund unter Druck zu setzen. Ziehen Sie ihn nicht brutal weiter, wenn er sich hinsetzt und streikt, haben Sie Geduld!

Fuß

Natürlich müssen Sie Ihrem neugierigen Bichon frisé Gelegenheit geben zu schnuppern, aber ein leichter Ruck und das Kommando „Komm" müssen ihn dennoch zum Weiterlaufen animieren. Lassen Sie Ihren Bichon frisé immer an Ihrer linken Seite laufen. So weiß er, wo er hingehört und läuft nicht im Wechsel neben, hinter oder vor Ihnen. Die Gefahr, dass er zwischen Ihre Beine läuft, ist ebenfalls gebannt. Dulden Sie nicht, dass Ihr Bichon frisé sie ungezügelt durch die Gegend zieht, er soll ordentlich bei „Fuß" (links) laufen. Fängt er an zu ziehen, bleiben Sie jedes Mal ruckartig, mit einem scharfen „Nein" stehen. Verfrachten Sie Ihren Hund wieder auf die linke Seite. Loben Sie ihn und geben den Befehl „...(Name) bei Fuß", sobald Sie zu laufen beginnen. Hat der Schlauberger verstanden, was „bei Fuß" bedeutet, haben Sie einen tollen Begleithund. Üben Sie immer nur ein paar Minuten. Wird der Kleine älter und verständiger, geht alles viel einfacher.

Vorsicht

Junge Hunde haben die Angewohnheit, sobald etwas Unbekanntes erscheint oder sie sich erschrecken, den Hals lang zu strecken. Sie versuchen durch Rückwärtslaufen und Hals strecken ihren Kopf aus dem Halsband zu ziehen und zu flüchten. So mancher Welpe ist seinem Besitzer einfach aus dem Halsband geschlüpft.

Allein sein löst Todesängste aus

Lassen Sie Ihren kleinen Liebling in der Eingewöhnungsphase nicht alleine im Haus oder im Zimmer, er würde Todesängste ausstehen, vor allen nachts. Ein Welpe benötigt einen sicheren Ort, an den er sich zurückziehen und schlafen kann. Dieser Platz muss in der Anfangszeit unbedingt in der Nähe seiner Bezugsperson sein! Einem Welpen ist die Angst vor dem Alleinsein angeboren. In der Natur ist ein Welpe, der vom Rudel getrennt wird, ein toter Welpe. Auf Grund dessen sollte er neben ihrem Bett schlafen dürfen. Alleinsein muss schrittweise geübt werden!

Alleine bleiben

Hat Ihr Bichon-frisé-Welpe sich in seinem neuen Zuhause eingelebt (nach ca. zwei Wochen), können Sie mit der Übung „Alleinbleiben" beginnen. Lassen Sie ihn auch wenn Sie Zeit für ihn hätten öfters in seinem Laufställchen, das kennt er sicherlich vom Züchter. Dort waren die Welpen ebenfalls im Welpen-auslauf untergebracht. Gehen Sie ab und zu kurz aus dem Raum. So lernt er, dass er in seiner „Behausung" sicher aufgehoben ist, und Sie immer schnell wieder zu ihm zurückkommen. Achten Sie darauf, dass Ihr Bichon-frisé-Welpe nie in Verzweiflung gerät, wenn er alleine ist! Verzichten Sie unbedingt auf eine Abschiedszeremonie, das bringt den Kleinen erst auf den Gedanken sich mit Jaulen und Bellen zu beschweren. Gehen Sie kommentarlos für ein bis zwei Minuten aus dem Zimmer, betreten Sie es genauso wieder, ganz neutral, als wenn nichts Besonderes stattgefunden hat. Üben Sie nur, wenn Ihr Bichon frisé sich ruhig verhält oder sich mit seinen Spielsachen beschäftigt. Kommen Sie zwischendurch immer wieder kurz hinein, beachten Sie den Welpen aber dabei nicht. Sollte er unruhig werden, brechen Sie die Übung ab und bleiben im Raum, damit er sich wieder entspannt, beachten Sie ihn aber nicht wei-ter. Steigern Sie die Zeiten Ihrer Abwesenheit nach und nach. Verlassen Sie niemals Ihren schlafenden Welpen. Wacht er auf und Sie sind plötzlich nicht mehr zu sehen oder zu hören, könnte er in Panik verfallen.

Verhält er sich bei der Al-leinbleibenübung ruhig und brav, belohnen Sie Ihren Bichon frisé in diesem Fall nicht oder nur minimal! An-sonsten wartet er nur unge-duldig auf Ihre Rückkehr und die Belohnung, anstatt entspannt die langweilige Zeit zu verschlafen. Verzich-ten Sie auf alle Emotionen,

Honey Dreams Bichonfrise Gruppe

umso selbstverständlicher

103

wird Ihr Bichon frisé das Alleinsein empfinden. Alleine bleiben über einige Stunden sollte der junge Hund aber erst, wenn er etwas älter (ab etwa fünf Monate) und vor allem selbstsicherer geworden ist. Niemals darf der Welpe sich verlassen fühlen und in Panik verfallen, elementare Trennungsangst wäre die Folge!

Beißhemmung

Bichon-frisé-Welpen lieben es, in alles, was sie interessant finden, zu beißen. Begehrt sind Ohren, Beine und Schwänze der Hundespielkameraden, ebenfalls unsere Hände, Füße, Zehen und Kleidungsstücke. Die Beißhemmung gegenüber anderen Hunden lernt Ihr Bichon frisé artgerecht im Sozialspiel mit anderen Hunden und in einer Welpenspielgruppe. Er spürt, sobald er selbst gebissen wird, dass so etwas wehtut. Ganz nach dem Prinzip von Ursache und Wirkung. Welpen, die im Spiel die anderen zu fest beißen, dürfen nicht mehr mitspielen und genauso muss der Menschen sich verhalten. Da Spielen für Hunde höchst lustbetont ist, zeigt ein sofortiger Spielabbruch beste Wirkung. Wird Ihr Bichon frisé zu wild und beißt, brechen Sie mit einem scharfen „Nein" das Spiel schlagartig ab, und beachten Sie ihn danach ein bis zwei Minuten nicht. Hat der Wildfang sich beruhigt, fordern Sie ihn erneut zum Spielen auf. Nach einigen Wiederholungen merkt er sich Ihr ablehnendes Verhalten und wird zukünftig vermeiden zu zwicken. Der Kleine soll immer Spaß beim Spielen mit Ihnen haben und gleichzeitig lernen, dass der Spaß Grenzen hat. Schimpfen und strafen Sie Ihren ungestümen Hund nicht, der Kleine würde lediglich Angst vor Ihnen bekommen.

Wie belohnen Sie Ihren Bichon frisé artgerecht?

Die wirkungsvollste Art Ihren Bichon-frisé-Welpen etwas beizubringen ist, ihn für ein erwünschtes Verhalten zu belohnen. Die wichtigste Belohnung für Ihren Hund ist Ihre Zuwendung. Zuwendung bedeutet, den Hund freundlich ansprechen und ansehen, ihn streicheln oder mit ihm schmusen und spielen. Kleine Leckerle sind als Motivationsmittel in der Erziehung ebenfalls gut geeignet. Um an die begehrten Köstlichkeiten zu kommen, muss der Kleine begreifen, was Sie von ihm verlangen. Er lernt so, sich die guten Dinge des Lebens zu verdienen. Gelangweilte und unterforderte Welpen suchen sich schnell selber eine Beschäftigung. Der intelligente Bichon frisé begreift fix, dass Sie sich mit ihm beschäftigen, sobald er Unsinn anstellt. Obwohl Sie schimpfen oder ihn körperlich bestrafen, hat er trotzdem sein Ziel erreicht, Ihre volle Aufmerksamkeit. Eine negative Zuwendung ist ebenfalls eine Belohnung! Hunde lernen u. a. durch Bestrafung und manchmal ist es notwendig, dieses Mittel einzusetzen. Andererseits gibt es im Gehirn Ihres Bichon frisé für jeden Bereich, der auf Strafe reagiert, etwa sieben Mal so viele Bereiche, die auf Belohnung ansprechen. Von Anfang an sollte allen Familienmitgliedern klar sein, dass der Hund an letzter Stelle der Rangordnung in der Familie steht.

Wie strafen Sie Ihren Bichon frisé artgerecht?

In vielen, vor allem älteren Hundebüchern steht geschrieben, dass man einen Welpen zur Strafe im Genick schütteln soll, angeblich strafen Hundemütter so ihre Welpen. Das ist schlichtweg falsch!
Der Wolf und sein domestizierter „Bruder" sind Beutegreifer. Sie schütteln ihre Beute, die sie auffressen wollen, aber bestimmt nicht ihre Welpen.
Da gibt es noch so eine tolle Empfehlung: der Hund sollte nur mit einer Zeitung gestraft werden, damit er nicht handscheu wird. Absoluter Blödsinn! Der Leitwolf geht auch nicht erst zum Zeitungskiosk. Ein Hund hat nur seine Schnauze mit seinen Zähnen, um Welpen zu strafen, dadurch wird ein Welpe auch nicht „schnauzenscheu". Er lässt sich von der gleichen Schnauze ebenfalls ausgiebig lecken und liebkosen. Also benutzen Sie ruhig Ihre Hände zum Liebkosen, Füttern und Spielen, aber auch zum Strafen. Ich habe nie einen Hund besessen, der bei normaler Haltung und umsichtiger Erziehung handscheu wurde.
Nach meinen Erfahrungen kann man mit einem Bichon frisé nicht wirklich eine strenge Unterordnung durchführen. Dieser sensible und freundliche Hund wäre zutiefst verunsichert, grobe Behandlungen kränken ihn. Der Schnauzengriff (mit der Hand von oben um Nase und Schnauze greifen) ist eine gute imitierte Dominanzgeste, und der Bichon frisé weiß, dass Sie sein Fehlverhalten nicht

wünschen. Ist Ihr Liebling sehr ungehorsam oder knurrt Sie sogar an, legen Sie ihn flugs, mit einem Ruck, auf die Seite und drücken ihn mit der Hand an seinem Hals auf den Boden! Sie können ihn auch schnell im Nacken greifen und auf den Boden drücken.

Erst wenn der Bichon frisé sich entspannt und aufgibt (das kann einige Minuten dauern), darf er wieder aufstehen. Sprechen Sie während dieser Dominanzgeste besänftigend und beruhigend auf Ihren Hund ein. Sie tun dem Hund damit nicht weh. Es entspricht dem artgerechten Verhalten, das ein ranghöheres Tier im Rudel anwenden würde, um ein jüngeres oder rangniedrigeres Mitglied in die Schranken zu weisen. Schlagen und Schreien sind auch in der Hundeerziehung passé!

Ich bevorzuge vor allem beim Welpen das anonyme Strafen in Form eines lauten Geräusches oder eines Wurfgeschosses, z.B. ein alter Schlüsselbund. Der Welpe darf beim anonymen Strafen nicht wahrnehmen, dass Sie der Verursacher dieser misslichen Erfahrung sind. Der kleine Hund wird sich sicherlich heftig erschrecken. Rufen Sie ihn dann heran und trösten ihn ein bisschen, weil die „Welt" ja so böse zu ihm war. Bei dieser Lektion hat er gelernt, dass manche Handlungen unangenehme Folgen für ihn haben, aber Sie sein bester Freund und Beschützer sind.

Vor jeder Bestrafung sagen Sie ein ausdrückliches „Nein" oder ein scharfes „Pfui". Sehen Sie Ihren Hund dabei fest mit einem drohenden Blick in die Augen. Später wird Ihr bedrohliches „Nein" oder ein warnender Blick genügen. Richtig harte Strafen sollten sparsam eingesetzt werden, sie nutzen sich sonst schnell ab. Je seltener, desto wirksamer bleibt dieses Erziehungsmittel. Ausgiebiges Spielen und Kuscheln mit Ihrem Bichon frisé fördert den wichtigen sozialen Kontakt, und er gehorcht Ihnen viel bereitwilliger.

Wie schnell muss die Belohnung oder Strafe erfolgen?

Damit der Welpe Ihre Belohnung oder Bestrafung verstehen kann, muss sie immer während oder direkt unmittelbar nach seiner Handlung erfolgen. Sie haben dafür maximal **eine** Sekunde Zeit!

Entdecken Sie seine „Straftat" erst nach längerer Zeit, strafen oder schlagen Sie Ihren Bichon frisé niemals. Ihr Hund kann zu einem späteren Zeitpunkt den Zusammenhang nicht mehr erkennen, geschweige denn begreifen. Hunde haben kein schlechtes Gewissen, auch wenn sie in unseren Augen so schuldig und betrübt dreinblicken. In Wirklichkeit fühlt er sich einfach nur unsicher und unbehaglich, weil Sie „sauer" auf ihn sind. Er bringt Ihre Verärgerung niemals mit seinen „Untaten" in Zusammenhang! Selbst wenn er noch so bedrückt auf das zerrissene Kissen schaut, er versteht nicht, was Sie von ihm wollen. Soll er mit dem Kissen spielen, soll er daran schnüffeln, finden Sie das Kissen nicht schön und ärgern sich deshalb? Hunde können nur Dinge, Befehle oder Worte verknüpfen, die gleichzeitig oder unmittelbar stattfinden. Hundemamas und Rudelmitglieder strafen hart, aber gerecht und vor allem immer sofort, hinterher sind sie genauso schnell wieder friedlich.

Belohnen Sie Ihren Bichon frisé zur falschen Zeit, lernt er nicht das, was Sie ihm beibringen wollten. Bestrafen Sie Ihren Hund zur falschen Zeit, lernt er, dass Sie gefährlich und unberechenbar sind. So zerstören Sie die Vertrauensgrundlage für Ihre Hund-Mensch-Beziehung. Achten Sie das nächste Mal darauf, dass sich Ihr Bichon frisé möglichst nur in einem Raum aufhält, in dem er nichts kaputtmachen oder beschmutzen kann.

Wir empfehlen unseren Welpenkäufern die Anschaffung eines Kinderlaufställchens. Während Ihrer Abwesenheit, gleichfalls wenn Sie momentan keine Zeit für Ihr Hündchen haben, ist er dort sicher untergebracht und kann kein Unheil anrichten. Ansonsten trägt der Mensch alleine die Schuld und nicht der Bichon frisé!

Hallo ... ich muss Gassi, eigentlich muss ich ständig Gassi

Ja, genauso ist es. Verzweifeln Sie nicht, je älter der Kleine wird, umso weniger muss er sich lösen. Menschen, die sich über gelegentliche „Pfützen" und Schmutz in der Wohnung aufregen, sollten sich besser keinen Hund anschaffen! Auch wenn man sich noch so bemüht und ständig auf den Welpen aufpasst, die Praxis sieht anders aus.

Erst ab etwa der 13. Lebenswoche kann ein Welpe seine Blase verlässlich kontrollieren und länger aushalten, wenn er sein „Klo" nicht direkt findet. Ein regelmäßiger Tagesablauf und feste Futterzeiten vereinfachen den Weg zur Stubenreinheit. Die letzte Mahlzeit sollte ein Welpe ab ca. 15 Wochen nicht später als 20.00 Uhr erhalten, damit er möglichst mit leeren Magen und Darm schlafen geht. Wasser muss auch nachts zur Verfügung stehen!

Stubenreinheit

Sobald der Welpe anfängt, sich besonders intensiv für eine Stelle zu interessieren, zu schnüffeln, aufgeregt hin und her zu laufen oder sich im Kreis zu drehen, ist „Gefahr" in Verzug. Nehmen Sie den Kleinen schnell, ohne ihn zu erschrecken, auf den Arm und tragen ihn zu seinen Löseplatz. Besitzen Sie keinen Garten oder wohnen in einem Hochhaus, kön-

Honey Dream`s Kolibri,
Besitzer Fam. Raspel

nen Sie, ein Hundeklo auf dem Balkon oder z.B. im Bad einrichten.

Wir trainieren unseren Honey-Dream's-Welpen ab der vierten Lebenswoche an, auf einer Hundetoilette, ähnlich einem Katzenklo, und auf Moltex Krankenunterlagen (90 cm x 60 cm) ihr „Geschäft" zu verrichten. Mit acht Wochen sind sie fast stubenrein und benutzen hauptsächlich ihre „Toilette", das klappt dann auch beim neuen Besitzer zufriedenstellend.

Konsequent sollten Sie Ihren Welpen unmittelbar nach dem Fressen, jedem Spielen sowie nach dem Ruhen auf seinen Löseplatz bringen. Hat der Kleine eine Weile gespielt oder läuft Ihnen schon längere Zeit im Haus hinterher, gehen Sie zwischendurch mit ihm „Pipi" machen. In der Regel muss ein Welpe etwa 10 bis 20 Minuten nach dem Fressen sein „großes Geschäft" verrichten. Beobachten Sie Ihren Liebling aufmerksam, dann finden Sie schnell SEINEN richtigen Moment heraus! Am Anfang sollten Sie Ihren Bichon-frisé-Welpen auch in der Nacht, sobald er unruhig wird, die Gelegenheit geben sich zu lösen. Ein gesunder zehn Wochen alter Welpe schläft etwa sechs Stunden in der Nacht durch. Selten kann ein Bichon-frisé-Baby acht Stunden aushalten.

Ist der süße Liebling bei Ihnen eingezogen, muss er erst seinen neuen „Toilettenplatz" kennen und akzeptieren lernen. Tragen Sie ihn zum Gassi gehen immer an dieselbe Stelle. Bleiben

Honey Dreams Bellamy

Sie dabei und harren der „Dinge", die da kommen. Löst er sich, loben Sie ihn betont freundlich mit den Worten „ ... feines Gassi" oder ähnliches, verwenden Sie stetig dieselben Wörter. Somit trainieren Sie den Kleinen auf sein „**Lösungssignal**". Nach einiger Zeit haben Sie einen Bichon frisé, der brav sein Geschäft verrichtet, sobald Sie ihn dazu auffordern. Trennen Sie in der ersten Zeit Gassi gehen und Spaziergänge. Auf Vergnügungstouren hat Ihr Welpe viele neue und aufregende Dinge zu verarbeiten, er vergisst dann, dass er draußen machen soll. Zuhause auf dem Teppich fällt es ihm dann garantiert wieder ein.

Schimpfen Sie den Bichon frisé nur, wenn er schon weiß, dass er sich falsch verhalten hat, und wenn Sie ihn direkt bei seinem Missgeschick erwischen. Ist das nicht der Fall, säubern Sie kommentarlos das Malheur. Passen Sie künftig besser auf und gehen Sie rechtzeitig mit dem Kleinen raus. Strafen und schimpfen Sie erst einige Zeit nach dem Malheur, kann der kleine Pinkler das nicht mit seiner Untat in Zusammenhang bringen. Warum schimpfen Sie, was gefällt Ihnen nicht, der Teppich, der Putzlappen, das Stuhlbein? Er versteht und begreift Ihre Verärgerung nicht und bekommt nur Angst vor Ihnen.

Ertappen Sie den Missetäter unmittelbar **vor** oder **während** er sein Geschäftchen am falschen Ort erledigt, tadeln (nicht hauen!) Sie ihn streng und beför-

Ein Keks für zwei – die beiden werden sicherlich Freunde fürs Leben.

Bichon frisé sind überaus kinderfreundlich. Kind und Hund sollten unter liebevoller Anleitung lernen miteinander umzugehen. Keiner darf Schaden nehmen!

Bichonmädchen Uriella durfte sich ab einem Alter von 7 Wochen frei in der Wohnung bewegen. Sie hat zuverlässig ihre Hundetoilette benutzt. Unsere kleine Enkeltochter Sarah-Sophie wird wohl nicht so schnell „stubenrein" werden

dern ihn nach draußen auf seinen Löseplatz. Verrichtet er dort sein Geschäft, loben, loben! Sind Sie sicher, dass er draußen nicht gemacht hat, setzen Sie ihn zur Vorsicht in sein Laufställchen und beobachten unauffällig, wie er sich verhält. Sobald er wieder unruhig wird, tragen Sie ihn erneut zur „Toilette". Irgendwann haben Sie das Spiel gewonnen und Ihr Hündchen ist stubenrein! Mit sechs bis sieben Monaten sollte Ihr Bichon frisé verlässlich stubenrein sein.

Merke:

Das Hineinstupsen der Nase in seinen Urin oder Kot ist ein dummer Erziehungsversuch. Der Hund ist nur irritiert und erkennt keinen Zusammenhang mit seiner Handlung (Lösen am falschen Ort). Er versteht nicht, was Ihnen missfällt. Der Geruch, die Farbe, der Teppich oder was?

Freudentränen...!?

Untereinander zeigen junge und rangniedrigere Hunde ihren Artgenossen durch auf den Rücken legen, urinieren etc., dass sie ihn als ranghöher anerkennen. Welpen, Junghunde und sehr unterwürfige, erwachsene Hunde urinieren oftmals aus Freude (Freudentränen), wenn ein geliebter Mensch oder netter Besuch ins Haus kommt. Dieses für uns unangenehme Verhalten ist für Hunde arttypisch. Zeigt Ihr Bichon frisé so ein Verhalten, ist das ein Hinweis, dass er Sie milde stimmen will und Ihre ranghöhere Stellung akzeptiert. Vermeiden Sie jede Emotionen beim Heimkommen. Ignorieren Sie ihn! Große Begrüßungsrituale sind bei Hunden untereinander nicht üblich. Bringen Sie es nicht übers Herz den Kleinen „links liegen zu lassen", lenken Sie seine Aufmerksamkeit direkt nach dem Öffnen der Tür auf ein Leckerchen oder Spielzeug. Kommt Ihr Bichon frisé freudig zur Begrüßung angelaufen, werfen Sie es sofort! Sehen und sprechen Sie ihn dabei nicht an. Hat er sich etwas beruhigt, können Sie ihn kurz begrüßen und mit ihm schmusen. Mit zunehmenden Alter und mehr Selbstvertrauen wird der Kleine dann seine Handlungsweise abstellen. Bestrafen Sie Ihren Bichon frisé in dieser Situation (hauen, schreien etc.), bezieht er die Strafe nicht auf seine freundliche Unterwürfigkeitsgeste. Nach seinen arteigenen Gesetzen macht er ja nichts falsch! Er versteht lediglich, dass er immer Ärger oder Prügel bekommt, sobald sein Mensch nach Hause kommt. Auf diese Weise kann man dem Hündchen nachhaltig das Vertrauen zu seinen Menschen nehmen und das Fürchten lehren. Das Urinieren wird höchstens schlimmer, da er Sie, nach seinem Verständnis und Sozialregeln, nun noch mehr beschwichtigen und friedlich stimmen muss.

Achtung:

Uriniert ein Welpe trotz aller Vorsichtsmaßnahmen sehr häufig und tröpfchenweise im Haus oder kann er nicht ca. fünf Stunden in der Nacht durchschlafen, könnte er eine Blasenentzündung haben. Welpen sind kälteempfindlich und neigen zu Blasenerkrankungen. Lassen Sie den Kleinen (Urinprobe) besser vom Tierarzt untersuchen.

Schönheitspflege & Hygiene

Nur ein gepflegter Bichon frisé ist ein attraktiver Bichon frisé!

Die Pflege ist ein wichtiger Bestandteil seiner Gesundheit und Schönheit. Bereits der Züchter muss unbedingt den Grundstein für einen leicht zu pflegenden Hund legen. Der ungekämmte Bichon frisé beginnt nach ca. 14 Tagen an verschiedenen Stellen leicht zu verfilzen. Hält die mangelhafte Pflege an, überzieht den Hund nach einigen Wochen ein maßgeschneiderter „Pullover" aus abgestorbenen, nicht ausgekämmten Haaren. Dieses feuchtwarme Klima bietet idealen einen Lebensraum für „Untermieter" wie Flöhe, Läuse und Co. gleichfalls können sich unangenehme Hautirritationen entwickeln. In solch einem Extremfall der Verwahrlosung sollte der Bichon frisé mit der Schere die Haare soweit wie möglich gekürzt bekommen.

Anmerkung: Wird der Bichon frisé komplett mit der Schermaschine bis auf die Haut geschoren, filzt das nachwachsende Haar besonders stark. Die weiche, dichte Unterwolle wächst schneller als das härtere Deckhaar, der Hund muss ca. acht Monate lang fast täglich gewissenhaft gekämmt werden, sonst kann man ihn bald wieder abscheren.Nach einem Radikalschnitt, dauert es ca. eineinhalbes Jahr, bis der Bichon frisé wieder ein richtig volles Haarkleid hat

Thermoregulation

Der Bichon frisé ist ein halblanghaariger Lockenhund mit einer Haarlänge von gut 12 cm. Nach dem Prinzip einer Thermoskanne kühlt die Wolle im Sommer und im Winter hält sie den Hund schön warm, vor allem in der Nierenregion! Das Haar des Bichon frisé muss öfters gekämmt und gebürstet werden, vor allem im Winter. Dadurch wird die Wolle gelockert und zugleich durchlüftet. Durch die Lufteinschlüsse im Fell bleibt die Thermoregulation aktiv, platt gedrücktes Haar kann keine Luft speichern.

Haarwechsel

Wohnungshunde sind nicht mehr dem natürlichen Jahresrhythmus beim Haarwechsel ausgesetzt, somit haaren sie mehr oder weniger das ganze Jahr über. Bei gesunden Hunden wird dieser Haarverlust durch Mehrproduktion ausgeglichen.

Beim Bichon frisé verhält es sich anders. Durch Wegfall bzw. Umwandlung der Deck- und Grannenhaare, zugunsten der Unterhaare, ist die Wolle beim Bichon frisé entstanden. Der erwachsene Bichon frisé besitzt ein pudelähnliches Haar und haart nicht. Naturgemäß sterben wie bei allen Lebewesen auch beim Bichon frisé Haare ab, sie verbleiben jedoch im Resthaar und werden erst durch Kämmen und Bürsten entfernt. Die Unterwolle des Bichon frisé wächst schneller als das Deckhaar, daher sollte er ca. alle sechs Wochen einen Haarschnitt erhalten, damit seine Körperform gefällig und gut proportioniert erscheint. Welpenhaar ist viel weicher und flussiger. Sie werden in begrenzter Anzahl auf der Kleidung Härchen vorfinden, vor allem beim Kämmen.

Pflegeutensilien

Für die optimale Pflege eines Bichon frisé werden einige Dinge als Grundausstattung benötigt. Beim Kauf ist eine gute Qualität vorzuziehen, dann halten die Produkte ein Hundeleben lang. Die Kämme sollten aus Metall, am besten mit schwarzer Teflonbeschichtung sein.
Plastik ist ungeeignet! Billige Kämme bestehen aus einem rauen Material, beim Kämmen werden die weichen Haare beschädigt.
Alle Produkte für die optimale Bichon frisé – Pflege bekommen Sie nur in Geschäften die spezialisiert sind auf professionelle Hundepflege.
Im Internet z.B. unter
- *www.kuckenberg.net*

Gestylt für die Schönheitsshow
- Honey Dream`s X'
Romeo my Heartbreaker,
Bes. Holm

.1 Augenkamm mit kurzen, engstehenden Zinken (Flohkamm)

- **1 Kamm** mit mittleren und **einen** mit weit auseinander stehenden Zinken
- **2 Zupfbürsten** (Pudelbürste), weich und mittelhart, bei sehr dichtem Haar auch eine in hart
- **Krallenzange,** wenn man sich traut, die Krallen selbst zu kürzen
- **Hundeshampoo** für weiße Hunde, z.b. "Bio Groom", Ring 5, Jean Peau Chris Christensen, Pet Silk usw.
- **Haarspülung** (nach dem Baden), z.b. von der Firma Bio Groom Jean Peau, usw
- **Fön** mit verschiedenen Temperaturstufen
- **Tränensteinentferner,** z.b. von Jean Peau
- **weißen Abdeckstift,** sieht aus wie ein Lippenstift, ist sehr praktisch, leichtere Verfärbung der Haare um die Augenregion können damit abgedeckt werden.
- **Pflegepuder,** z.B. Babypuder von Johnson (riecht toll) oder von Penaten. Den Hund nicht wie eine Puderquaste bearbeiten, immer nur wenig an Stellen wo Puder gebraucht wird. Auf Dauer können Bronchien/Lungenprobleme durch den feinen Staub der eingeatmet wird entstehen (Staublunge).
- **Ohrreiniger** (flüssig), die Marke ist egal, alle sind geeignet
- **Pinzette** oder eine Arterienklemme (Apotheke) für die Ohrpflege
- Möchten Sie Ihren Bichon frisé die Haare selber in Form schneiden, benötigen sie mindestens **drei Scheren:** eine lange gebogene (ca. 20-22 cm), eine lange gerade (ca. 20-22 cm), eine kleine gebogene (ca. 12-16 cm). Scheren für Menschenhaare sind für Hundehaare ungeeignet. Kaufen Sie eine gute Qualität mit Mikrozahnung, es lohnt sich.

Bichon-frisé-spezifische Hygiene

Alle Punkte gelten auch für den Welpen

Augenpflege

Mein Tipp; so wenig wie möglich, so viel wie nötig.
Übertriebene Pflege und ständiges Rumgewische reizt jedes Auge, auch wenn man meint sehr vorsichtig zu sein. Das Resultat ist dann häufig Ursache für übermäßigen Tränenfluss. Um die natürlichen Verfärbungen in Grenzen zu halten oder zu verhindern,
Haare in den Augen- und Nasenwinkeln mit einem fusselfreien Tuch von Tränensekret und Schmutz säubern. Wichtig ist, die Haare um die Augen möglichst trocken zu halten. Ist das Haar in der Augenregion ständig oder häufig feucht, siedeln sich schnell Bakterien und Hefen an und verfärben die Haare. Sand, Erde, Pollen usw. erledigen den Rest.
Zum Reinigen kann man im Fachhandel erhältliche Tränensteintferner verwenden. Weitere Pflegeprodukte wie Puder oder Pasten sind verfügbar. Vorsicht, Puder niemals ins Auge reiben!
Kleine Verkrustungen lassen sich mit dem Augenkamm prima entfernen.
Nach meinen Erfahrungen hält leider keines dieser Mittel, was es verspricht! Warmes Wasser oder Mineralwasser sind ebenfalls geeignet und sind fast kostenlos.
Vor dem Gebrauch kosmetischer Mittel oder Medikamenten, sollte der Tierarzt abklären, ob krankhafte Veränderungen am Auge vorliegen und der Hund deshalb mit einem übermäßigen Tränenfluss reagiert.

Tränenfluss - Anmerkung

Häufig haben Bichon frisé verfärbte Haare im Augen- und Bartbereich.
Viele Besitzer meinen das mit ihrem Bichon frisé etwas nicht stimmt, weil er tränt, aber Augen brauchen die Tränenflüssigkeit. Ihre Aufgabe besteht im Reinigen und Befeuchten der Horn- und Bindehaut. Sie spült Staub, Pollen und Fremdkörper aus dem Auge, Reibungen an der Hornhaut werden so ver-

115

hindert. Die Tränenflüssigkeit selber ist durch ihre körpereigenen Abwehren-zyme klar, leicht salzig und hat einen geringen Eiweißanteil

Ohrenpflege

Die reich behaarten Ohren sollten regelmäßig auf Ohrenschmalz, Verkrustungen und eventuell auch nach Spaziergängen auf Fremdkörper, Grassamen, Grannen usw. kontrolliert werden.

Verschmutzungen innerhalb des äußeren Gehörganges lassen sich hervorragend mit flüssigem Ohrreiniger beseitigen. In jedes Ohr 1-2 ml (Einwegspritze aus der Apotheke) Ohrreiniger träufeln, dann die Ohren am Ansatz (am Kopfbe-reich) massieren, von unten nach oben. Erst nach der ausgiebigen Massage darf der Hund sich schütteln, so befördert er automatisch eventuell tiefer liegenden Schmutz nach außen. Das Ohrleder und die Ohrmuschel hinterher mit einem in Ohrreiniger getränkten Tuch sauber reiben. Bei fetthaltigem Ohrenschmalz ist der Ohrreiniger besonders hilfreich, Wasser allein reicht meist nicht. Wattestäbchen sind für die Ohrreinigung nicht geeignet, sie schieben nur den oberen Schmutz in den tieferen Gehörgang. Nach unseren Erfahrungen ist die Ohrenpflege des Bi-chon frisé bis auf das ab und an nötig werdende Haare zupfen völlig problemlos

Haare zupfen

Die im äußeren Gehörgang wachsenden Haare müssen unbedingt routinemäßig herausgezupft werden, auch beim Welpen! Ansonsten entstehen Verkrustun-gen mit dem Ohrenschmalz und Schmutz. Eine schmerzhafte Entzündung mit übel riechenden Ohren könnte die Folge sein. Eine Pinzette mit flachem Kopf oder eine Arterienklemme ohne Arretierung leisten hier gute Dienste. Haare zupfen verursacht dem Bichon frisé Unbehagen, somit ist es ratsam, regelmä-ßig immer nur wenige Haare zu entfernen als alle paar Monate sehr viele. Ein gewissenhafter Züchter zeigt ihnen, wie die Ohrhaare gezupft werden!

Gebiss - Zähneputzen - Zahnstein

Ausgewachsene Hunde sollten 42 Zähne, 20 im Ober- und 22 im Unterkiefer haben, bei Kleinhunderassen fehlen oftmals einige Backenzähnchen. Wichtig ist, dass der Bichon frisé ein Scherengebiss mit oben und unten je sechs Schneidezähnen hat.

Um das Bichon-frisé-Gebiss vom Welpen bis ins hohe Seniorenalter gesund zu erhalten, bedarf es einer regelmäßiger Kontrolle und Pflege. Zahnstein befällt nahezu alle Hunderassen, auch der Bichon frisé neigt dazu.

Die Bildung von Zahnstein ist auf Veranlagung zurückzuführen, zugleich spielt aber auch die Zusammensetzung des Speichels und die Ernährung eine wichtige Rolle. Bereits der Welpe kann vorsichtig und liebevoll ans Zähneputzen gewöhnt werden. Ob Zähneputzen wirklich hilft echten Zahnstein zu vermeiden, bezweifele ich, aber versuchen kann man es ja. Beim Tierarzt oder im Fachhandel sind spezielle Hundezahnbürsten sowie Paste erhältlich.

Zahnpasta für Menschen, auch Kinderzahnpasta ist für Hunde völlig ungeeignet. Der Hund schluckt die Zahnpasta, eine Fluorvergiftung könnte die Folge sein!

Kaustreifen auf Enzymbasis und spezielles Oral-Gel neutralisieren den aggressiven Speichel und helfen das Gebiss sauber und frei von gelblichen Belägen (Plaque) zu halten. Kauknochen aus Büffelhaut oder harte Hundekekse sind ebenfalls empfehlenswert.

Krallenpflege

Verursacht der Bichon frisé auf glattem Fußboden zu laute Laufgeräusche oder bleibt er in den Teppichschlaufen hängen, sollten seine Krallen gekürzt werden. Zu lange Krallen verursachen dem Hund Schmerzen und eine Fehlhaltung beim Laufen.

Kleinhunde wie der Bichon frisé üben durch ihr geringes Gewicht beim Laufen nur wenig Druck auf die Krallen aus, sie können sich nicht so stark von alleine kürzen wie bei schwereren Rassen. Überwiegendes Laufen auf weichen Boden begünstigt das Zulangwerden ebenfalls. Zum Kürzen verwendet man eine spezielle Krallenzange.Da bei hellen Krallen die rosafarbenen Blutgefäße durchscheinen, sind sie leicht zu kürzen. Einige Millimeter vor dem lebenden Teil die Kralle schneiden.

Bei dunklen Krallen vor dem Schneiden mit der Zange leicht auf die Schnittstelle drücken. Zieht der Hund die Pfote ruckartig weg, wurde die Krallenzange zu nah am lebenden Teil angesetzt.

Haare am After

Die Afterregion des Bichon frisé muss unbedingt täglich kontrolliert und gekämmt werden. Durch eingetrockneten Kot können die Haare an dieser Stelle stark verfilzen und verknoten. Der Hund kann trotz starken Pressens keinen Kot mehr absetzten. In diesem Fall die Verkrustungen mit warmem Wasser ablösen, danach die Haare sorgfältig auskämmen und gegebenenfalls kürzen. Mangelhafte Pflege und minderwertiges Futter, von dem der Hund ständig zu weichen Kot hat, begünstigen Verunreinigungen der Haare am After.

Haarpflege

Adrett vom Kopf bis zu den Pfötchen

Regelmäßiges Kämmen und Bürsten, ein- bis zweimal die Woche, ist beim erwachsenen Bichon frisé unerlässlich. Verfilzungen und Verknotungen werden verhindert, gröberer, sandiger Schmutz und lose Haare entfernt, und der Bichon frisé sieht immer adrett aus. Haben sich trotz guter Pflege Filzknoten gebildet, sollten diese vor dem Kämmen, dem Haarfall nach aufgeschnitten und auseinander gezupft, nicht einfach nur abgeschnitten werden. Die Knoten und Filze mit den Fingern grob auseinander ziehen, mit der Zupfbürste und zuletzt mit einem Kamm die Reste auskämmen. Ein wenig Puder, z.B. Babypuder von Johnson oder Penaten, im trockenen Haar verteilt, insbesondere auf den problematischen Stellen, erleichtert die Fellpflege.

Das Bichon-frisé-Haar benötigt viel Feuchtigkeit. Vorteilhaft ist die Verwendung eines pflegenden Öles (Kristallöl) oder eine Kämmlotion vor jeden

Bürsten und Kämmen. Nur einen Hauch Öl in den Händen verreiben und den Hund leicht einreiben. Lotion sparsam verwenden, feuchtes Haar lässt sich schlecht kämmen.

Rüde und Hündin

Filzt das Haar des Bichon frisé stark, ist stumpf, störrisch und lässt sich kaum Kämmen, ist es vermutlich verschmutzt. Der Hund sollte gebadet werden. Bleibt das Problem ebenfalls beim sauberen Bichon frisé bestehen, liegt es meist an ungeeigneten Pflegeprodukten. Neben einem guten Hundeshampoo, ist das Wichtigste eine geeignete Haarspülung. Erst durch die Haarspülung wird das Haar pflegeleicht. Die Haarkur glättet und schützt (ummantelt) das einzelne Haar, macht es geschmeidig und leicht kämmbar! Ebenfalls verhindert sie schnelles Nachfilzen, somit bleibt das Haar längere Zeit in einer gut zu pflegenden Kondition. Die Behaarung des Bichon frisé ist ähnlich dem Pudelhaar und kann nur in kleinen Etappen gekämmt werden, der Kamm bleibt in der dichten, lockige Wolle hängen.

Vor dem Kämmen ist es vorteilhaft, das Haar kräftig mit der Zupfbürste auszubürsten. Um der Haarpracht Herr zu werden, das Haar in kleine Areale teilen, dann tief mit dem Kamm ins Fell hineingehen und nach oben auskämmen. Der Kamm wird hierbei immer wieder in der tieferen Region, nahe der Haut angesetzt. Lage für Lage, erst mit dem groben, danach mit dem feineren Kamm die ganze Prozedur wiederholen. Beim Kämmen immer tief, bis auf die Haut vordringen! Sonst sieht der Bichon frisé oberflächlich makellos gepflegt aus, aber in der unteren Region ist er total verfilzt.

Bichon frisé mit - unkorrekter - Haaranlage haben nur wenig oder keine abstehende Unterwolle, sie sind dadurch einfacher zu kämmen, mit einem einzigen Kammstrich von vorne nach hinten.

Das Kopf- und Nackenhaar sollte wesentlich länger sein als die Körperbehaarung und bildet einen attraktiven Blickpunkt. Es wird genau wie das übrige Haar von der Haut in Richtung nach oben zu den Haarspitzen ausgekämmt. Den Kopf vorsichtig behandeln, nicht unnötig Haare ausreißen. Hinter den Ohren muss besonders darauf geachtet werden, dass sich keine Knoten bilden.

Haare, die über und zwischen den Augen wachsen, regelmäßig kürzen, ansonsten reizen sie den Augapfel und der Hund tränt stark.

Die Barthaare auf der Nase scheiteln und dem Haarfall nach kämmen, auf diese Weise werden gleichzeitig kleine Futterreste entfernt.
Der Bichon frisé ist an der Schnauze empfindlich, bitte vorsichtig kämmen und nicht ziepen. Manche Bichon frisé haben rötlich verfärbte Barthaare. Die Intensität hängt unter anderem mit der Art des Futters zusammen. Bei weichem Dosenfutter mit hohen Karotin- und Farbstoffanteil verfärben sich die Haare stärker als bei Trockenfutter.
Ist Leitungswasser zu Mangan-, Eisen- oder Kupferhaltig, färben diese Zusatzstoffe die Barthaare auf Dauer ebenfalls rötlich. Zusätzlich oxidiert Wasser auf dem Haar. Nur mit speziellen Mineralwasser und indem die Haare zur Seite gewickelt werden, kann versucht werden die Verfärbungen in Grenzen zu halten. Farbige Hunde haben die gleichen kosmetischen Probleme, nur bei ihnen sieht man es nicht so deutlich.

Die Rutenhaare und -haltung sind wichtige Schönheitsmerkmale des Bichon frisé. Im Idealfall ist sie mit dichten, langen Haaren befedert. Die Rute wird sehr vorsichtig dem Haarfall nach gekämmt und gebürstet. Keine unnötigen Haare herausreißen, sonst sieht sie bald nackt aus.

Haare an und unter den Pfötchen kurz halten. Zwischen den Zehen dürfen sich keine Steinchen, Erdklumpen oder Sand setzen, dies verursacht dem Hündchen Schmerzen beim Laufen.
Haare am After täglich kontrollieren und auskämmen.

Baden - ja oder nein?

Die Antwort auf diese Frage richtet sich danach, womit der Bichon frisé gebadet wird.

In den meisten Fällen ist ein Bad, bei Verwendung eines milden, auf den Haut- und Haartyp des Hundes abgestimmten Shampoos, vorteilhaft. Aggressive Shampoos (auch Babyshampoo) oder andere Reinigungsmittel hingegen können bereits bei einmaliger Anwendung für Haut und Haarkleid ausgesprochen schädlich sein.

Schadet meinem Bichon frisé das Haare waschen?

Nein, ganz im Gegenteil, besonders Hunde mit trockener, feinschuppiger Haut profitieren vom häufigen Baden, solange keine ungeeigneten, aggressiven Shampoos benutzt werden. Auch Wasser ist ein ausgezeichnetes „Medikament" für die Haut, da es gleichzeitig reinigt und ihren Feuchtigkeitsgehalt wiederherstellt.

Bei der Wahl des Shampoos muss man berücksichtigen, dass sich die Haut von Hunden erheblich von der des Menschen unterscheidet. Sie ist dünner, enthält nur ganz wenige Schweißdrüsen (hauptsächlich unter den Pfötchen) und hat einen anderen PH-Wert (Säure-Basen-Verhältnis). Die Hauptursache für Probleme nach der Verwendung von Shampoos ist das unvollständige Ausspülen!

Verursacht Baden eine trockene Haut oder spröde Haare?

Spezielle Hunde-Pflegemittel halten die Feuchtigkeit in der Haut, machen das Haar leicht kämmbar und lassen es fülliger erscheinen. Sie sind als Fellspülungen (Conditioner) und als Sprays erhältlich.

Einige Spezialshampoos und -spülungen für weiße Hunde sind in der Regel etwas aggressiver, sie sollten nur ab und zu oder vor der Ausstellung angewendet werden.

Zu beachten ist, dass die Haare des Bichon frisé bei zu häufiger Anwendung dieser „Weißer oder Aufheller" eine unnatürliche Farbe erhalten können. Der

Bichon frisé ist ein naturweißer, aber kein künstlich silberfarbener oder gar bläulich schimmernder, überweißer Hund.

Für das normale Bad reicht für Hunde mit doppelschichtigem Haarkleid ein rückfettendes Shampoo, z.b. von Bio Groom - Extra Body Shampoo, völlig aus.

Badetag

Der weiße Bichon frisé benötigt öfter ein reinigendes Bad als kurzhaarige oder farbige Rassen.

Dabei ist der Bichon nicht schneller schmutzig, durch seine weiße Haarfarbe sieht man es nur deutlicher. Ein gesunder, gut gepflegter Bichon frisé riecht nie unangenehm nach Hund! Viele Hundehalter sind der Meinung, dass ein Hund nicht gebadet werden muss, das ist ein großer Irrtum. Sobald der Bichon frisé nicht gebadet wird, verschmutzt sein Haar und wird staubtrocken, wodurch es zum Brechen neigt. . Ebenfalls trocknet die Haut zu sehr aus. Sand, Staub und Erde etc. verbleiben auf der Haut, der Bichon frisé könnte mit ständigen Kratzen reagieren.

Bichon frisé mit Haut- oder Haarproblemen (Jucken, Trockenheit, Schuppen etc.) sollten nur mit speziellen Shampoos vom Tierarzt behandelt werden.

Pflegeprodukte mit Nerzöl oder Kamille (Shampoo, Spülungen) sind nicht zu empfehlen, da sie das weiße Haar gelblich verfärben.

Bei unkorrekter oder mangelhafter Behaarung ist es empfehlenswert, den Bichon frisé vor dem Baden zu kämmen und zu entfilzen. Nach dem Waschen wird er **ohne** Kämmen trocken geföhnt, um die spärliche Friséstruktur zu erhalten. Zum Schluss die Haarspitzen nur oberflächlich leicht ausbürsten.

Bichon frisé mit dem heute korrekten dichten abstehenden Haarkleid können ohne Angst um die Friséstruktur gebadet werden. Das lockige Haar wird immer nach Bichon-frisé-Art abstehen. Das Haar, auch am Kopf, mit der Handdusche mit warmem Wasser vollständig durchnässen. Shampoo im Fell verteilen, einmassieren und immer wieder aufschäumen, etwa fünf Minuten einwirken lassen. Erst beim wiederholten Aufschäumen werden alle Pflegesubstanzen freigesetzt, nur so kann das Shampoo seine volle Wirkung entfalten! Auch das

Charly beim Baden, auch ein Champion muss in die Wanne

Ohrenleder gründlich waschen. Um zu vermeiden, dass Wasser in den äußeren Gehörgang eindringt, etwas Watte ins Ohr stecken. Aber Wasser schadet dem Ohr nicht, der Hund schüttelt alles wieder hinaus. Der Kopf, die Schnauze und die Augenregion werden ebenfalls gründlich mit Shampoo gereinigt. Ist Shampoo in die Augen gelangt, sofort mit klarem Wasser ausspülen. Nach dem Waschen das Fell sorgfältig, mit sehr viel Wasser ausspülen. Dies kann bis zu 20 Minuten dauern. Nach dem Waschen immer eine Haarkur verwenden, diese ca. fünf Minuten einwirken lassen. Danach alles mit reichlich Wasser gewissenhaft ausspülen, bis die Haare knistern. Es dürfen keine Rückstände vom Shampoo oder der Spülung im Fell verbleiben, Hautirritationen könnten die Folge sein.

Nach der Badeprozedur wird das Haar mit gut saugenden Handtüchern (Microfaser) trocken gedrückt. Nicht rubbeln, sonst verfilzt die dicke Wolle.

Mit einem Fön das Fell auf mittlerer Heizstufe trocknen. Die Temperatur darf keinesfalls zu hoch sein, sonst erleidet der Bichon frisé womöglich einen Hitzschlag, außerdem brechen die Haare.

Während des Fönens die Haare nach vorne und zur Seite bürsten, so kann auch die dichte Unterwolle ausreichend trocknen. Vollständig trocken sind die Haare nach ca. zwölf Stunden. Erst das fast trockene Haar kann gekämmt werden, im nassen Haar kommt der Kamm nicht durch, so entstehen Verfilzungen und unnötig viel Haar wird ausgerissen. Werden dem Bichon frisé direkt nach dem Baden und Fönen die Haare geschnitten, werden sie kürzer, als man es wahrscheinlich wollte. Am nächsten Tag, wenn die Haare ganz trocken sind, haben sich die Löckchen zusammengezogen, wie bei einer frischen Dauerwelle. Dann ist es leichter, die endgültige Länge zu erreichen. Erst nach dem Baden, Kämmen und seinem spezifischen Haarschnitt, erstrahlt der Bichon frisé in seinem entzückenden Teddylook.

Bichon-frisé-Welpen sind entzückende kleine Engel, immer zärtlich und verschmust. Dieses liebliche Verhalten kann sich aber rasch ändern, sobald es um ihre Schönheitspflege geht. Die meisten jungen Bichon frisé werden dann schnell vom Engelchen zum Bengelchen! Manche schreien und weinen jämmerlich, sie versuchen mit allerlei Tricks und Raffinessen, Kamm und Bürste zu entkommen. Ebenfalls lassen sich die wenigsten Junghunde nach dem Baden das Fönen ohne Protest gefallen. Sie sind verunsichert, haben etwas Angst und fühlen sich von dem lauten Föhngeräusch und der Luftströmung belästigt. Bereits der Welpe muss begreifen, dass sein Protest nichts nützt. Ansonsten widersetzt er sich sein Leben lang allen Pflegeversuchen, später vielleicht unter Einsatz seiner kräftigen Zähne.
Bichon-frisé-Welpen von einem gewissenhaften und an seinen Babys interessierten Züchter sind bereits an die pflegenden Hände des Menschen gewöhnt. Sie lassen sich überall und jederzeit anfassen. Die neuen Besitzer brauchen nur dort weitermachen, wo der Züchter aufgehört hat.

Übung macht den Meister – Welpenpflege

Der Welpe muss an regelmäßige Pflege gewöhnt werden. Jeden Tag nur drei bis vier Minuten üben reicht völlig. Beginnen Sie langsam, erst nur stehen, dann sitzen lassen. Bleibt der Kleine ganz entspannt liegen, haben Sie es geschafft. So zweckmäßig trainiert, ist es eine Freude einen Bichon frisé zu pflegen.
Eine hilfreiche Übung ist mit dem Bichon-frisé-Welpen Tierarzt zu spielen, den ganzen Körper abtasten, Füße, Bauch, Zähnchen, Rachenraum und Ohren anschauen, beim Rüden seine „edelsten Teile" kontrollieren. Wichtig, der Kleine sollte sich absolut wohl und sicher fühlen. Bekommt er zwischendurch und zum Abschluss immer eine Belohnung und extra Streicheleinheiten, verknüpft er die Pflegeprozedur mit einer positiven Erinnerung und lässt sich alles gerne gefallen. Ein Welpe wird in derselben Weise gepflegt wie der erwachsene Bichon frisé. Nicht vergessen, täglich die Augenregion zu reinigen und die

Haare am Popo zu kontrollieren. Die Haare in den Öhrchen alle 14 Tage etwas zupfen, damit sich das Hündchen auch an diese unbeliebte Prozedur gewöhnt. An den Pfoten, wenn nötig, die Haare in runder Form kürzen. Haare unter den Pfötchen kurz halten, so dass die Fußballen gut zu sehen sind. Zwischen den Zehen dürfen sich keine Steinchen, Erdklumpen oder im Winter Eisklumpen festsetzen, dies verursacht dem Hündchen Schmerzen beim Laufen.

Welpen haben ausgesprochen weiches Haar, es ist bei weitem nicht so dicht wie beim erwachsenen Bichon frisé. Das Kämmen und Bürsten geht rasch. Bichon frisé im Haarwechsel zum Erwachsenenfell, ab etwa 8 bis 18 Monaten, mindestens alle drei Tage gewissenhaft kämmen, bis auf die Haut, nicht nur oberflächlich. Das jugendliche Haar ist zu dieser Zeit noch sehr weich und neigt, durch die stark wachsende dichte Unterwolle zum Filzen, vor allem hinter den Öhrchen und in den Achselhöhlen. Ist der Haarwechsel abgeschlossen, lässt sich der Bichon frisé, mit etwas Übung, unkompliziert pflegen.

Der schmutzige Bichon-frisé-Welpe darf in der gleichen Weise wie der ältere Hund gebadet werden. Nur Pflegeprodukte für Hunde (z.B. Welpenshampoo von Jean Peau) verwenden, Shampoos für Menschen, auch für Babys, sind vollkommen ungeeignet. Der Kleine muss nach dem Fönen einige Stunden im geheizten Zimmer verbleiben, damit er sich nicht erkältet.

Bereits beim Welpen kann das Körperhaar in Abständen geschnitten werden, aber immer nur wenige Millimeter Dadurch wird die Haarstruktur verbessert und eine kräftige Lockenbildung gefördert. Die Haare an der Rute, an den Beinchen und im Kopfbereich möglichst nicht schneiden oder nur leicht begradigen. Es dauert ewig, bis die Haare an diesen Stellen wieder länger werden. In der kalten Jahreszeit nicht zu viel wärmende Babywolle abschneiden, die Kleinen sind noch recht empfindlich.

Zahnwechsel & Augen

Der Bichon-frisé-Welpe besitzt 28 Milchzähnchen. 14 weniger als im Erwachsenengebiss, die hinteren Backenzähne fehlen noch. Oftmals zahnen Bichon frisé langsamer als andere Rassen, mit neun Wochen können einige Schneidezähne, überwiegend aber Backenzähnchen fehlen.

Das Foto zeigt unserer Meinung nach traumhafte Bichon frisé aus den 1960igern. Süßer puppiger Gesichtsausdruck, der Körper mittelklein und kompakt, schönes Haar mit offener Korkenzieherlocke, nicht das heutige meist zu dichte Pudelhaar.

Der Junghund wechselt sein Gebiss im Alter zwischen etwa vier bis neun Monaten. Alle Milchzähnchen werden durch bleibende Zähne ersetzt. Häufig will ein Milchzahn im Zahnwechsel nicht von alleine ausfallen. Meist ist einer der Eckzähne betroffen. Wackeln Sie öfters an dem Zahn, spielen mit einem Tau und lassen Sie ihren Welpen viel an harten Keksen, Naturholz etc. knabbern. Dies könnte ebenfalls dazu beitragen, dass der Milchzahn endlich ausfällt. Stehen die Zähne mit ca. acht Monaten noch doppelt, sollte der Tierarzt den Milchzahn entfernen, um einer fehlerhaften Zahnstellung vorzubeugen.

Für den Bichon frisé wird es unangenehm, wenn der untere Eckzahn (Canini) nicht korrekt steht, zu weit in die Maulhöhle gerutscht ist oder sich in den oberen Gaumen bohrt wie beim Canini-Engstand. Bessert sich die fehlerhafte Zahnstellung nicht bis zum Alter von ca. zwölf Monaten, sollte der Tierarzt entscheiden, wie weiter zu verfahren ist, um dem Hund eventuelle Schmerzen zu ersparen.

Im Zahnwechsel ist das Zahnfleisch oft stark gerötet und geschwollen, die jungen Bichon frisé leiden regelrecht unter Zahnweh. Ihr Verhalten kann sich ändern, sie sind plötzlich lustlos, verweigern ihr Futter und auf Umweltreize reagieren sie empfindlicher. Das Futter sollte möglichst in weicher Form angeboten werden. Trockenfutter in Wasser, Brühe oder Welpenmilch einweichen, Frischfleisch ganz klein schneiden, Flocken gut aufweichen. Einige Hündchen neigen in der Zeit des Zahnwechsels zu Durchfall oder haben erhöhte Temperatur bis 39,0 °C. Im Zahnwechsel juckt und zwickt es im Kiefer, Junghunde haben ein gesteigertes Bedürfnis an und auf allem herumzukauen. Beißmaterial wie Kauknochen, Baumwollseil, Naturholz, Latexspielzeug etc. erleichtert dem Gepeinigten diese Zeit und verschont dadurch die Einrichtungsgegenstände vor Beschädigungen.

Oftmals tränen Bichon frisé im Zahnwechsel, auch wenn sie als Welpe keinen Tränenfluss hatten. In den meisten Fällen verschwindet der übermäßige Tränenfluss nach Abschluss der Umzahnung. Die Augenregion sollte in dieser Zeit besonders gewissenhaft gepflegt und vor allem trocken gehalten werden. Sind die Haaren der Augenregion ständig feucht, siedeln sich schnell Bakterien Hefen und Schmutz an. Auf dem Hundepflegbedarf-Markt gibt es einige, Puder, Pasten etc. die laut Hersteller Verfärbungen beseitigen bzw. verhindern sollen. Wir haben aber noch kein Wundermittel gefunden. Zufrieden sind wir mit der Augenpflege von Jean Peau, sie ist sehr gut auch für Welpen geeignet. Sind erst hartnäckige Verfärbungen entstanden, hilft meist nur das Abschneiden der betroffenen Haare. Tränt der Bichon frisé anhaltend unnatürlich stark, sollte ein Fachtierarzt die Augen untersuchen

Nabelbruch

Bei Welpen aller Hunderassen kommen Nabelbrüche vor, beim Bichon frisé sind sie eher selten. Ein Nabelbruch *(Umbilicalhernie)* zählt nicht zu den Standardfehlern und mindert nicht den Wert eines Welpen! Er kann angeboren oder durch irgendwelche Umstände erworben sein. Auch erwachsene oder alte Hunde können plötzlich einen Nabelbruch haben. Kleine Nabelbrüche, Linsen- bis Erbsengröße, benötigen normalerweise keine Behandlung, sie verwachsen einfach. Mittelgrosse Brüche, größer als eine Erbse, verwachsen oftmals ohne Probleme, sollten aber einige Zeit beobachtet werden. Größere Nabelbrüche, bei denen man eine Fingerspitze in die Bruchpforte stecken kann, müssen gewissenhaft beobachtet und zu gegebener Zeit vom Tierarzt operiert werden. Der Eingriff ist nicht aufwendig, die Bauchdecke wird nur minimal, je nach Größe des Bruchs, geöffnet, das Fettgewebe entfernt und mit ein Paar Stichen wieder fest verschlossen. Die Kosten belaufen sich derzeit laut tierärztliche Gebührenordnung (GOT) auf 50 bis 80 Euro (einfacher Satz)

Kryptorchismus

Beim Kryptorchismus sind nur ein oder gar keine Hoden im Hodensack des Rüden vorhanden. Die Hoden steigen im zweiten bzw. im dritten Lebensmonat aus der Bauchhöhle in den Hodensack ab. Geschieht dieses nicht, sind die Hoden aber noch im Leistenkanal zu ertasten, kann der Tierarzt versuchen durch Verabreichung geeigneter Hormonpräparate ihren Abstieg in den Hodensack zu erreichen. Hoden die im Alter von 8 Wochen oder schon länger im Hodensack liegen, können zurück in die Bauchhöhle, oder den Leistenkanal zurück wandern. Gerade Kleinhundewelpen sind davor nicht gefeit das ein oder auch beide Hoden wieder verschwinden. Hoden, die in der Bauchhöhle oder im Leistenkanal verbleiben, können später zur Geschwulstbildung neigen, sie sollten regelmäßig kontrolliert und gegebenenfalls, wenn der Hund älter ist, vom Tierarzt entfernt werden.

Einhoder *(Unilaterale Kryptorchiden)* besitzen nur einen Hoden, sind aber voll zeugungsfähig. Also Vorsicht, wenn Sie zusätzlich noch eine Hündin besitzen.
Kryptorchismus ist vererblich, somit darf der Rüde beim VDH nicht für die Zucht eingesetzt werden.

Vorbeugen ist besser als heilen - Welpengerecht

Der beste Schutz vor Krankheiten ist ein leistungsfähiges und voll funktionierendes Immunsystem. Regelmäßige Impfungen, Wurmkuren, Parasitenvorsorge, artgerechtes Futter, viel Auslauf in der Natur, Kontakt und spielen mit Artgenossen, fördern die Bildung von starken Abwehrkräften. Nur ein Immunsystem das ständig gefordert wird, kann genügend Abwehrkräfte gegen körperfremde Viren, Bakterien, Pilze, Tumorzellen, Parasiten usw. entwickeln und dafür sorgen, dass krankmachende Faktoren nicht die Oberhand gewinnen.

Gesundheitlichen Problemen beim Bichon frisé vorbeugen, beinhalten neben der normalen Hygiene, wie Trinkwasser mehrmals täglich wechseln, Futter- und Wasserschüsseln, Körbchen, Decken usw. sauber halten, gleichfalls die regelmäßig wiederkehrende Pflege von Haut, Haaren, Augen, Ohren, Zähnen und Krallen, wie im Kapitel „Bichon frisé – spezifische Hygiene" detailliert.

Ein gesunder Bichon frisé

ist aufmerksam, temperamentvoll, verspielt und neugierig an allem interessiert, er ist einfach „gut drauf". Sein Haarkleid ist dicht, glänzend und ohne auffälligen Geruch. Er hat einen guten Appetit, bewegt sich gerne und kraftvoll und zeigt seine ganze Lebensfreude.

Bemerken Besitzer eine Veränderung bei Ihrem Bichon frisé, sollten sie in der Lage sein, nicht krank, nur etwas unpässlich, oder krank, zu unterscheiden. Der Tierarzt muss im Ernstfall so viel Informationen wie möglich erhalten. Alle Symptome notieren; was der Bichon frisé gefressen, wie sieht das Erbrochene aus, wo ist er verletzt, was ist passiert usw. alles ist wichtig.

Impfschema für Welpen

Die Ausbildung einer belastbaren spezifischen Immunität wird durch die so genannte Grundimmunisierung gegen eine bestimmte Infektionskrankheit bewirkt. Sie muss durch regelmäßige Auffrischimpfungen (Booster-Impfung) erhalten werden.

Grundimmunisierung

Seine erste Impfung erhält der Welpe beim Züchter im Alter von etwa acht Wochen. Mit 12 und 16 Lebenswochen muss der neue Besitzer die Grundimmunisierung beim Tierarzt wiederholen und ergänzen lassen. Erst durch die zweite und dritte Impfung ist der Kleine ausreichend geschützt.

Die am häufigsten verwendete Impfung beim Hund ist die Fünffach-Impfung gegen Staupe, Hepatitis, Leptospirose, Parvovirose, Parainfluenza (S, H, L, P, PI) und ab zwölf Wochen kommt noch Tollwut (T) hinzu. Wichtig ist die meist jährlich notwendige Wiederholungsimpfung. Den Tierarzt nach dem gültigen Impfempfehlungen fragen, z.b. ist der Tollwutschutz neuerdings 3 Jahre gültig,

Entwurmung - Kinder schützen

Würmer gehören zu den Endoparasiten und leben im Inneren des Hundes. Da sich Hunde täglich neu infizieren können, sind turnusmäßige Wurmkuren für die Gesundheit des Bichon frisé und seiner Menschen, die sich ebenfalls infizieren können (Zoonosen), unbedingt erforderlich.

Achten Sie unbedingt auf eine normale Hygiene, insbesondere wenn Kinder im gleichen Hauhalt leben!. Vor dem Essen und nach dem Spielen mit dem Hund Händchen waschen, nicht im Gesicht lecken lassen, Babyspielzeug ist für den Hund tabu usw., dann passiert auch nichts. Hunde, insbesondere ihre „Stoffwechselprodukte" gehören NICHT auf Kinderspielplätze!

Wurmkur - Intervall

Züchter beginnen mit den Entwurmungen ihrer Welpen, je nach Mittel, ab dem 14. Lebenstag. Diese werden bis zur Übergabe an die neuen Besitzer routinemäßig fortgeführt.

Ab 12 Wochen, bis zu einem halben Jahr sollten Sie Ihren Bichon frisé einmal im Monat und danach (auch den erwachsenen Hund) alle drei Monate (also mindestens 4 Mal im Jahr) entwurmen.

WICHTIG: einigr Tage vor jeder Impfung sollte der Bichon frisé zusätzlich entwurmt werden.
Bitten Sie Ihren Tierarzt unbedingt ein Mittel zu verwenden, das gegen alle Wurmarten wirkt. Verwenden Sie unbedingt regelmäßig ein Mittel das gegen den für Menschen überaus gefährlichen Fuchsbandwurm wirkt.

Flöhe, Zecken & Co

Bichon frisé jeden Alters können von diesen unliebsamen Krabbeltierchen befallen werden, selbst süße Welpen bleiben nicht verschont. Flöhe sind das ganze Jahr, auch im Winter in unseren warmen Wohnräumen aktiv. Zur Bekämpfung besser noch zur Ganzjahresprophylaxe hält der Tierarzt heute moderne Mittel bereit, die ohne großen Aufwand eine zufriedenstellende Parasitenbekämpfung ermöglichen. Am unkompliziertesten sind Spot-on-Präparate, z.B. Frontline--Combo. Expot usw. Für die Umgebung, Decke, Körbchen etc. hilft z.B. Frontline-Spray und regelmäßig Staubsaugen. Die meisten Mittel sind gleichermaßen gegen Flöhe, Zecken, Läuse, Haarlinge etc. wirksam, immer genau die Beschreibung lesen.
 Spot-on– Präparate sind auch speziell für Welpen ab acht Wochen und mind. einem Kilogramm Körpergewicht erhältlich.
ACHTUNG: Flöhe übertragen Bandwürmer. Nach Beseitigung des Flohbefalls muss unbedingt eine Wurmkur gegen ALLE Wurmarten durchgeführt werden

Für den Bichon frisé nicht zu empfehlen

Für den Bichon frisé sind Flohhalsbänder und Flohpuder nicht zu empfehlen. Die Bänder schädigen die Haare im Halsbereich da sie ständig getragen werden müssen. Flohbänder auf Gasbasis (schwarz) umhüllen den Hund ständig mit einer Gaswolke.Flohbänder auf Puderbasis oder nur Flohpuder ist aus dem dichten Fell des Bichon frisé sehr schwer restlos zu entfernen. Beim Lecken seiner Haut und Haare nimmt er jedes Mal auch das Giftes auf.
Bäder mit Antiflohmitteln sind ebenfalls nicht zu empfehlen. Das Mittel tö-

tet zwar die auf dem Hund befindlichen Parasiten ab, wird aber nach dem Baden wieder ausgespült, so dass Flöhe oder Zecken das Tier gleich wieder neu befallen können. Zudem riechen diese Mittel meist sehr stark und unangenehm.

Wichtige Info, auch für Züchter!!

Nach jeder Entwurmung und Impfung kann es zu einer Unverträglichkeit gegen das Medikament kommen. Bichon-frisé-Welpen scheinen, nach unseren Erfahrungen, gegen den Wirkstoff *Flubendazol (in z.B. Flubenol)* empfindlich zu reagieren. Wir hatten bereits mehrmals den Fall. Die Welpen fingen unmittelbar nach Verabreichung des Wurmmittels Flubenol an zu niesen, nahmen eine starre Körperhaltung an und litten unter akuter Atemnot, ein Welpe verstarb unmittelbar nach Verabreichung von Flubenol.

Beobachten Sie Ihren Welpen nach jeder Entwurmung und Impfung einige Zeit aufmerksam. Stellen Sie irgendeine Veränderung fest, bringen Sie den Hund schnellstens zum Tierarzt!

Der Haarschnitt des Bichon frisé

Vom Zottelhaar zum weichen Teddylook

Die meisten Besitzer bringen ihren Bichon frisé zum Haare schneiden sicherlich zum Hundefrisör. Leider sind die wenigsten in der Lage, den richtigen Bichon-frisé-Haarschnitt auszuführen. Überwiegend bekommen die Besitzer einen „Pudel" mit üblicher Pudelkrone auf dem Kopf zurück. Ebenfalls werden die Körperhaare in Pudelart gestutzt. Bevor Sie Ihren Bichon frisé beim Hundefrisör abgeben, erkundigen Sie sich, ob er Erfahrung mit dem speziellen Haarschnitt hat. Verlangen Sie ausdrücklich, dass der Hund nicht wie ein Pudel hergerichtet wird!

Erst durch seinen exklusiven Haarschnitt erstrahlt der Bichon frisé in seiner vollen Schönheit.

Zur leichteren Verständlichkeit und damit es nicht zu Missverständnissen kommt, nehmen Sie einfach das Buch mit. Der Schnitt ist leicht nachzuarbeiten, es müssen nur wenige Besonderheiten beachtet werden.
Versuchen Sie es doch ruhig selber, Übung macht den Meister. Haare wachsen schnell wieder, der zweite Versuch gelingt ihnen sicherlich schon besser.

Für den Schnitt benötigen Sie eine lange gebogene Schere (ca. 22 cm), eine lange gerade (ca. 22 cm) und eine kurze gebogene Schere (ca. 14 cm). Haarscheren für Menschen sind für Hunde nicht empfehlenswert. Legen Sie beim Kauf Wert auf Qualität, nur hochwertige Hundescheren (ca. ab 100 €) haben eine Mikrozahnung. Die superfeinen Rillen verhindern ein ständiges Wegrutschen der weichen Hundehaare, das geschnittene Haar sieht gleichmäßig und glatt aus. Das Arbeiten mit der gebogenen Schere erfordert etwas Übung. Beherrschen Sie den Umgang noch nicht so gut, schneiden Sie mit der geraden Schere vor und gleichen mit der gebogenen die Haare in einer runden Form an. Die kleine gerundete Schere eignet sich besonders gut, um die Haare an den Fußballen und zwischen den Augen zu kürzen.
Ziel des Haarschnitts ist es, die natürlichen Körperkonturen des Bichon frisé hervorzuheben. Alles sollte rund und niedlich an ihm wirken, ohne Stufen und kantige Absätze.
Sehen Sie sich Ihren Bichon vor dem Schneiden genau an, so erkennen Sie eventuelle Schwachstellen. Versuchen Sie durch eine geschickte Schnittführung diese Schwachstellen optisch auszugleichen.
Bevor Sie dem Bichon frisé die Haare scheiden, sollte er frisch gebadet und sein Haar frei von Verfilzungen sein.

Haarschnitt - Anleitung

Rücken

Vom Rutenansatz in leicht ansteigender Form, gerade der Rückenlinie (Toplinie) entlang, bis zu den Schulterblattspitzen schneiden. Die verbleibende Haarlänge richtet sich nach der Fülle und Struktur des übrigen Haares, die Ideallänge liegt bei etwa 7 cm oder etwas kürzer. Danach mit der gebogenen Schere Übergänge zu den Körperseiten schaffen. In Richtung zum Boden schneiden.

Hintertell / Afterreglon / Rute

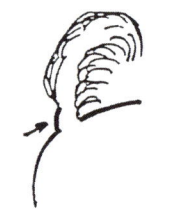

Haare am Hinterteil und rund um den After kurz schneiden. Die Unterseite der Rute wird der Analregion angepasst, ansonsten werden an der Rute keine Haare geschnitten.

Hinterhand

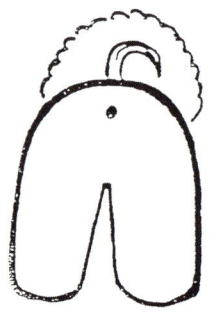

Die Haare an den Innen- und Außenseiten der Hinterbeine gerade herunterschneiden. Ohne Absatz die Innen- und Außenseiten in einer runden Form angleichen, von der Rückseite zur Seite. So erzielen Sie einen glatten, zylindrischen Effekt. Zum Schluss die Oberschenkel mit der gebogenen Schere in einer sanften, runden Form der Rückenlinie angleichen. Die

Haare der Hinterhand sind genauso lang, eventuell eine Idee länger als am Körper, auch die Haare der Innen- und Außenseiten sollten gleich lang sein. Das Hinterhandprofil (Blick von hinten) sieht im Idealfall säulenförmig, wie ein umgedrehtes „U" aus.

Rumpf / Körperseiten

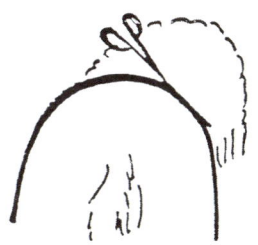

Die seitliche Haarlänge entspricht ungefähr der Länge der oberen Rückenhaare, eventuell etwas kürzer. An der Unterseite des Brustkorbes und in den Flanken schneidet man das Haar ebenfalls rund. Haare gerade herunterkämmen und entlang der natürlichen Unterlinie des Körpers, von den Ellenbogen der Vorderbeine zu der Leistenbeuge der Hinterbeine, in einem leicht ansteigenden Aufwärtsbogen schneiden. Danach die seitlichen Haare an die Hinterhand und die Rückenlinie (Toplinie) in runder Form angleichen.

Vorderhand

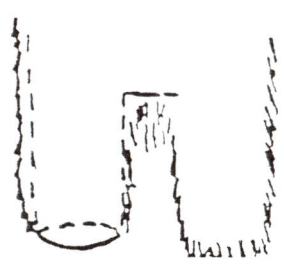

Vom Schulterblatt über den Oberarm bis zur Pfote senkrecht von oben nach unten schneiden. Die Rückseite der Vorderbeine ebenso gerade herunterschneiden.
Die Haare sollten auf allen Seiten gleich lang sein. Die Haare an den Beinen etwas länger als am Körper belassen.
Der Unterarm soll wie eine Säule - gerade und rund - wirken. Die Vorderbeine dürfen, von vorne betrachtet, nicht breiter erscheinen als die Linie der Schultern.

Hals / Vorbrust / Schulter

Geschnitten wird die Brust bis etwa zum Adamsapfel in einer sanften Linie von der linken zur rechten Seite auf die gewünschte Länge. Im Allgemeinen hält man die Haare hier etwas kürzer als am Körper.

Nun gleicht man die Brust den Schultern in runder Form an. Stellen Sie sich die Brust als Dreieck vor, schneiden Sie von jeder Ecke des Dreiecks in Richtung zur Schulter, so dass die Schulter und die Brust ineinander übergehen. Dann gleichen Sie die Seiten der Schulter mit der gebogenen Schere an die Vorbrust und die Vorderbeine an.

Kopf

Der Kopf des Bichon frisé ist ein besonderer Blickpunkt. Ist er unordentlich, schief und krumm geschnitten, sind die Ohrfransen länger als der Bart, dann leidet das gesamte äußere Erscheinungsbild des Bichon frisé. Die Ohrhaare werden nicht extra gekürzt, sie werden nur in der Länge dem Bart angeglichen. Schneiden sie keinerlei Absätze in die Ohrhaare. Ist der Kopf kunstgerecht gearbeitet, können sie die Ohren nicht einzeln erkennen, da sie sich „unsichtbar" ins Kopfhaar einfügen.

Bevor sie anfangen zu schneiden, stellen Sie sich einen Kreis vor und nehmen Sie die Nasenspitze als Mittelpunkt. Immer nur wenige Millimeter schneiden und sich langsam zur endgültigen Form vorarbeiten. Nicht vergessen, der Kopf soll rund und voll wirken.Bevor das Kopfhaar in Form geschnitten wird, werden die Haare zwischen und unmittelbar vor den Augen gekürzt.

Der Bart darf nicht länger als das obere Kopfhaar und die Ohrfransen nicht länger als der Bart sein. Der gesamte Kopf ergibt eine volle Kugel.

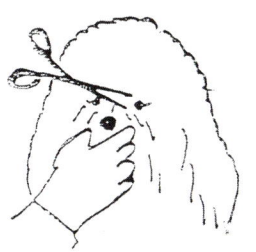

Die Haare über den Augen sind ebenfalls leicht zu kürzen. Schneiden Sie bogenförmig, von einem Außenwinkel zum anderen Außenwinkel der Augen, so dass die Augen gut zu sehen sind. Schneiden sie nicht einfach nur einen geraden Pony!

Die Haare des Bartes auf dem Nasenrücken nach links und rechts dem Haarfall nach scheiteln und herunterkämmen. Dann die Barthaare in leicht bogenförmiger Linie zu den Ohren ansteigend schneiden. Von den Ohrfransen wird nur so viel abgeschnitten, dass der untere Rand nicht über den rund geschnittenen Bart hinausreicht.

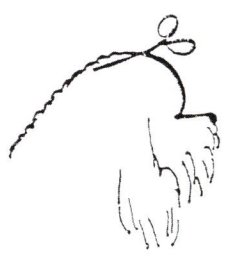

Der Oberkopf des Bichon wird rund, ohne Absatz zum Ohr geschnitten. Das Kopf- und Barthaar bilden eine runde Einheit.

Pfoten

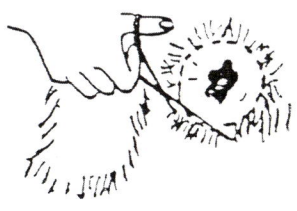

Die Haare unter den Pfötchen kurz halten. Die dunklen Fußballen sollten gut zu sehen sein. Humpelt Ihr Bichon frisé plötzlich, kontrollieren Sie, ob sich kleine Steine oder sonstiges zwischen den Ballen festgesetzt haben.

Wichtig:

Schneiden Sie dem Bichon frisé am Kopf keine Pudelkrone. Ebenso werden die Haare am Hals nicht wie beim Pudel kurz geschoren, sondern in der Länge übergangslos angeglichen, bis sie die Schulter berühren. Vermeiden Sie beim Schneiden des Bichon frisé jeden Absatz im Haar. Immer nur angleichen, bis es übergangslos in die nächste Region passt.

Zwischen dem unumgänglichen Haarschnitt können Sie Ihren Bichon frisé etwas „schnippeln". Hierbei wird das Haar nur einige Millimeter gekürzt. Durch regelmäßiges, leichtes Kürzen seiner Haare sieht der Bichon frisé immer gepflegt aus, und der weiche Teddylook bleibt erhalten.

Die Haare an der Rute werden in der Regel nicht geschnitten! Bei einigen Bichon frisé sind die Haare an der Rute sehr dünn. Um visuell eine vollere Behaarung vorzutäuschen, können Sie die äußersten Spitzen kürzen.

Hat der Bichon frisé ein fusseliges, minderwertiges Haarkleid, ohne dichte Unterwolle, halten Sie seine Körperhaare im Allgemeinen kürzer. Durch regelmäßiges Abschneiden kann die Haarmenge und -dichte gefördert werden.

Die ganze Haarpracht des Bichon frisé ist erst nach zwei bis zweieinhalb Jahren voll entwickelt.

Vielen Dank liebe Frau Christophersen! Die kleinen, hilfreichen Grafiken sind von Frau Christophersen, Bichon frisé Zucht „Skovfryds", aus Dänemark erstellt worden.

Zum Schmunzeln *(Originaltext)*

London - Die Frisur eines Hundes beschäftigt nur selten ein Gericht.

Hundebesitzer Eric Way will Schadenersatz für die „Gräueltat" einfordern, die der auf Vierbeiner spezialisierte Londoner Coiffeur Dan Thomas seinem langmähnigen Model-Hund „Storm" angetan hat und dem Vierbeiner damit so manchen Modeljob vertan hat. Kein Job mit „Beckham-Frisur"

Der weiße Bichon frisé ist nach einem Bericht des „Daily Telegraph" nicht irgendein Hund, sondern verdient als Supermodel für Hundekleidung und -accessoires einiges an Geld. Seit dem Friseurbesuch sehe „Storm" allerdings aus wie David Beckham mit seiner neuen „Skinhead-Frisur", klagt das geschockte Herrchen. Drei Wochen falle er nun für alle Termine aus.

Der Friseur hingegen war sich keiner Schuld bewusst, als er die lange Mähne des kleinen Vierbeiners bis auf wenige Zentimeter stutzte. Er habe ausgesehen wie ein Schaf, das fünf Jahre lang nicht geschoren wurde, rechtfertigte Thomas sein eigenmächtiges Handeln, für das er umgerechnet 150 Euro kassierte. Allerdings räumte er ein, dass auf einem Begleitzettel ausdrücklich stand, Kopf und Schwanz von der Rasur auszunehmen - das allerdings habe der Friseur ignoriert. Das leidende Herrchen will seinen Schönling in Zukunft mit keinem Friseur mehr alleine lassen. (APA/dpa)

Interpretation des Bichon-frisé-Rassestandards

Der Rassestandard verkörpert eine in Worte gefasste Beschreibung der Körper- und Wesensmerkmale einer Hunderasse. Er dient als Leitlinie für den Züchter und Ausstellungsrichter. Als „Wortbild" unterliegt der Standard unterschiedlichen Interpretationen, demzufolge kann es niemals „den perfekten Hund" geben.
Einige Punkte im Standard des Bichon frisé sollen zum besseren Verständnis, auch für den Laien, erläutert werden.

Allgemeine Erscheinung und Veranlagung

Der Bichon frisé spiegelt in seinem äußeren Erscheinungsbild einen wunderschönen, intelligenten und kompakten, kuscheligen Kleinhund wider. Für seine geliebten Menschen geht er durchs Feuer. Seinen Kopf trägt er stolz und aufrecht, er ist umrahmt von einem dichten Haarkranz und bietet für den Betrachter einen herrlichen Anblick. Die dunklen Augen und sein schwarzes Näschen heben sich ausdrucksstark aus dem weißen Haarkleid hervor. Sein Blick verrät einen aufmerksamen, temperamentvollen, kleinen Kameraden.
Den Bichon frisé zeichnet sein besonders liebevolles und überaus anhängliches Wesen aus. Er ist gegenüber Menschen und Tieren verträglich und niemals streit-

süchtig. Der Bichon frisé ist ein fröhlicher und verspielter Kleinhund mit viel Eleganz und Schneid. Er besitzt eine erstaunliche Kraft und Ausdauer.

Zu den Zwerghunden zählt er nicht, er ist ein Kleinhund. Seine Widerristhöhe kann bis 30 cm betragen, im Durchschnitt hat er eine Schulterhöhe von 25 cm bis 27 cm.

Zur Harmonie seiner Gesamterscheinung gehört, dass Rüden maskulin und Hündinnen feminin wirken. Nicht die Größe ist hier entscheidend, sondern die Gesamtkonstitution des Hundes. Auch ein kleiner Rüde kann sehr männlich erscheinen, ein ganzer Kerl eben. Andersherum kann eine großrahmige Hündin dennoch feminin wirken.

Im Wesen sind keine großen Unterschiede, beide Geschlechter sind überaus anhänglich und leicht zu erziehen.

Kopf

Der große, runde Kopf des Bichon frisé ist ein absoluter Blickfang. Er wirkt jedoch allein durch die dichte Haarpracht so rund und groß. Tastet man den Schädel ab, fühlt er sich eher flach an und hat eine normale Form. Die Kopfgröße darf weder zu groß noch zu klein sein, sie muss im Verhältnis zum Körper passen. Die Fanglänge (Nase-Vorgesicht) sollte 1/3 der gesamten Kopflänge aufweisen. Das bedeutet der Oberkopf ist 2/3 länger als der Nasenrücken. Lange Nasen (Vorgesicht) und gleichzeitig zu kurze Oberköpfe (Schädel) sind unerwünscht und fehlerhaft. Der Stirnabsatz, Stop genannt, ist im Idealfall wenig ausgeprägt, der Schädel flach.

Der Nasenspiegel, die Haut zwischen Nase und Schnauze, und die Lippen (Lefzen) müssen schwarz sein. Ein heller Nasenspiegel oder nicht geschlossenes Pigment gelten als schwere Fehler.

Augen

Die Augen des Bichon frisé sind ganz entscheidend für seinen rassetypischen Ausdruck. Sie müssen möglichst dunkel oder dunkelbraun, mittelgroß, von runder Form und gerade eingesetzt sein. Ein mandelförmiges Auge oder vorstehende Glotzaugen sind fehlerhaft.

Ist die Augenform korrekt, zeigt der Bichon frisé beim gerade nach vorne Blicken kein weiß. Die Augenlidränder müssen ein vollständig geschlossenes, dunkles Pigment aufweisen. Die Haut um die Augen wird von einem breiten, dunkel pigmentierten Hof umsäumt, dies ist ein besonderes Kennzeichen des Bichon frisé und wird Halos genannt. Bichon frisé ohne Halos sehen vollkommen untypisch aus und bekommen keine Zuchtzulassung.

Gebiss

Der erwachsene Bichon frisé besitzt im Idealfall ein Scherengebiss mit 42 Zähnen. Die oberen Schneidezähne stehen unmittelbar über den unteren Zähnen. Dringend gefordert sind sechs Schneidezähne (Incisivi) in Ober- und Unterkiefer. Schneidezähne sind die Zähne zwischen den Eckzähnen (Canini). Eine andere Gebissform (Vor-, Kreuz- oder Rückbiss) gilt als schwerer Fehler. Ebenfalls grob fehlerhaft ist ein Caninus-Engstand. In diesem Fall stehen die Eckzähne nicht korrekt, sie drücken nach innen in den Gaumen oder in den Unterkiefer. Das kann für den Hund unangenehm und schmerzhaft sein.

Hals

Der Hals des Bichon frisé soll dem Hund Eleganz und Anmut verleihen. Er ist für einen Kleinhund recht muskulös und kräftig. Vom Kopf bis zu den Schultern wird er breiter und fügt sich im Idealfall übergangslos in die Schulterregion ein. Die Halslänge des Bichon frisé soll zum Körper passen, darf weder zu lang noch zu kurz sein. Ein zu kurzer Hals ist sehr unvorteilhaft und wirkt aufgesetzt, die ganze Eleganz des Hundes geht dadurch verloren. Bei einem 33 cm langen Hund - gemessen vom Schulterblatt bis zum Rutenansatz, also ohne Rute - soll die Halslänge 1/3, somit 11 cm betragen.
Bei einem zu kurzen Hals sind oftmals die Schulterblätter zu steil gelagert. Ein zu langer giraffenartiger Hals zeigt sich häufig bei substanzarmen, windhundartig wirkenden Bichon frisé.

Vorderhand

Die Vorderläufe des Bichon frisé sollen absolut gerade sein, mit einem ebenfalls geraden und festen Vordermittelfuß. Von vorne betrachtet darf der Hund nicht krummbeinig oder tonnenförmig aussehen. Die Ellenbogen dürfen in der Bewegung, ebenfalls im Stand nicht nach außen abstehen oder lose und ausgedreht sein. Durch einen geschickten Haarschnitt können leichte Mängel kaschiert werden. Beim Laufen und insbesondere beim Abtasten des Hundes kommen die versteckten Mängel doch zum Vorschein.

Körper

Der Körper eines korrekt gebauten Bichon frisé ist etwas länger als hoch. Bei z.B. 27 cm Widderristhöhe ist er etwa 33 cm lang, gemessen von den Schulterblattspitzen bis zum Sitzbeinhöcker. Auf Ausstellungen wird dies beim Richten etwas vernachlässigt. Erfahrene Aussteller wissen das und richten sich danach. Durch einen geschulten Haarschnitt sieht der Bichon frisé dann eher quadratisch aus.
Seine Kruppe ist leicht zum Hinterteil abgerundet. Der Rücken (Toplinie) muss im Stand und in der Bewegung gerade und gut fest sein, weder ansteigend, gewölbt noch weich oder gar durchhängend.
Die Brust des Bichon frisé ist breit, das Brustbein ausgeprägt. Der Brustkorb sollte tief sein, er reicht im Idealfall bis zu den Ellenbogen der Vorderläufe.

Hinterhand

Das Becken des Bichon frisé ist breit. Durch einen fachgerechten Haarschnitt wirkt sein ganzes Hinterteil niedlich und rundlich. Der Bichon frisé besitzt recht muskulöse Oberschenkel mit viel Kraft und kann sehr gut springen und klettern. Ein korrekt gewinkelter Hinterlauf lässt erkennen, dass das Sprunggelenk tief gelagert ist und gut hinter dem Körper steht. Ist die Winkelung nicht korrekt, wirken die Hinterläufe wie untergestellt.
Der Hintermittelfuß steht senkrecht zum Boden. Die Hinterhand ist gerade. Der Bichon frisé darf weder O-Beine noch X-Beine haben. Durch eine geschickte

Schnittführung kann auch an dieser Körperstelle einiges kaschiert werden. Durch Abtasten ist dennoch eine korrekte Beurteilung der Hinterhand möglich.

Rute

Die Rute des Bichon frisé ist ein aparter Blickpunkt, sie vervollständigt sein edles Äußeres. Sie muss dicht und lang behaart sein. Nur der reiche Haarschmuck berührt den Rücken oder hängt seitlich herab. Die Rute selbst darf nicht auf dem Rücken aufliegen. Der Bichon frisé trägt seine Rute hoch und anmutig über dem Rücken gebogen, auf der Ebene der Wirbelsäule. Eine eingerollte Rute oder ein Knick gilt als schwerer Fehler. Die Rute des Bichon frisé ist etwas unterhalb seiner Rückenlinie angesetzt. Sie ist am Ansatz kräftig und verjüngt sich gleichmäßig bis zur Spitze. Ihre genaue Länge ist nicht im Standard angegeben, sie richtet sich nach der Größe des Hundes. Eine zu kurze Rute wäre genauso unvorteilhaft wie eine zu lange, sie muss sich in Harmonie elegant zum Körper einfügen. Schleift der Bichon frisé seine Rute auf dem Boden, ist er verunsichert, missgelaunt oder hat Angst. Nur ein froh gestimmter und selbstbewusster Hund zeigt eine anmutige Rutenhaltung und trägt sie locker im hohen Bogen über seinem Rücken.

Haarstruktur

Das im F.C.I. Standard beschriebene Haar, korkenzieherartig mit weicher, offener Locke, das dem Haarkleid der Mongolenziege ähnelt, **besitzen die heutigen Bichon frisé so nicht mehr.**

Zum Schmunzeln

Wer unter dem Begriff Mongolenziege im WWW sucht, wird sich wundern. Keine Ziege. Nein, nur der Bichon frisé Rassestandard erscheint. Zoologen (u.a. Berliner Zoo) kennen keine Mongolenziege, Google auch nicht. Ich vermute, dass die in der Mongolei, Himalaja, Persien und Afghanistan beheimatete Kaschmirziege gemeint ist. Sie hat ein feines, dichtes Unterhaar, das nicht geschoren wird.

Im Fellwechsel werden ihre Haare mit einem breiten Kamm von Hand ausgekämmt (max. 500 Gramm). Auf älteren Bichon-frisé-Fotografien, bis in die späten 1960er, kann man deutlich eine andere Haarstruktur wie heute erkennen. Das Haar fällt der natürlicher Wuchsrichtung nach in weichen, offenen Locken herunter. Seit den 1970er Jahren wurde dem Bichon frisé in England eine pudelartige Locke angezüchtet. Nur so war zu erreichen, dass sein Haar, in der heute typischen Weise, vom Körper absteht. Der Bichon frisé besitzt ein doppelschichtiges Haarkleid, bestehend aus reichlich Unterwolle und dichtem, längerem, etwas härterem Deckhaar. Das Deckhaar wird nach dem Baden geföhnt und glatt ausgebürstet. Wichtig ist, dass eine deutliche Locke im Haaransatz zu erkennen ist! Durch die neuere Struktur benötigt der Bichon frisé regelmäßig einen Haarschnitt, um den weichen teddyartigen Look zu erhalten.

Weder im englischen noch im F.C.I. Standard ist die „heutige" Haarstruktur erwähnt. Allein der amerikanische Standard spricht diesen wichtigen Punkt an: die Unterwolle ist weich und dicht, das Deckhaar soll eine lockige, festere, rauere

Struktur aufweisen.

Welpenhaar ist viel dünner und glatter als das von erwachsenen Bichon frisé. Kräftigere Locken bilden sich erst nach und nach. Erfahrene Züchter schneiden bereits den Welpen die Haare recht kurz, um eine gute Lockenbildung und dichteres Haar zu fördern.

Haarfrisur

Laut gültigem Standard darf der Bichon frisé lediglich mit leicht zurechtgemachten Pfoten und Augen vorgestellt werden. Dieser Punkt ist in Deutschland und den meisten anderen Ländern, außer vielleicht in Belgien und Frankreich, überholt. Seit vielen Jahren wird kein Bichon frisé auf einer Zucht- oder Schönheitsshow ohne den mittlerweile gängigen Haarschnitt vorgeführt. Ungeschnittene oder unfachmännisch frisierte Bichon frisé haben keine Chancen auf eine vorteilhafte Beurteilung im Showring! Erst durch den speziellen Haarschnitt wird der Bichon frisé zu dem beliebten „weißen Traum im Teddylook".

Aussteller aus Schweden, Finnland, Norwegen und Dänemark übertreiben oftmals beim Haarschnitt ihrer vorgestellten Bichon frisé. Die Körperhaare sind extrem kurz, so dass die Haut zu sehen ist. Der Rassestandard müsste in den Punkten Haarstruktur und Haarschnitt dringend geändert werden!

Haarfarbe

Die Haarfarbe des Bichon frisé ist immer reines, natürliches weiß. Silberweißes oder bläulich schimmerndes Haar ist nicht natürlich. Allein spezielle Pflegprodukte oder gar eine Überpflegung verändern die natürliche weiße Haarfarbe in „Persilweiß".

Gelbliche, braune Schattierungen, besonders an den Ohren, sind bei jungen Bichon frisé normal und wachsen später heraus. Diese Schattierungen sind keine Zuchtfehler. Neuerdings werden vereinzelt „bunte" Bichon frisé angeboten. Vorsicht, das sind keine rassereinen Bichon frisé, sondern lediglich Mischlinge!

Wie bereits erwähnt, der Bichon frisé ist immer einfarbig WEISS!

Hautfarbe

Die Hautfarbe des Bichon frisé ist überwiegend rosa. An einigen Stellen kommen dunkle Pigmentstellen zum Vorschein. Die Haut an den Geschlechtsteilen sollte möglichst dunkel schattiert sein.

Gewicht und Größe

Der Rassestandard ist in diesem Punkt nicht sehr aussagekräftig.

Zu der Größe des Bichon frisé steht: Die Widerristhöhe soll 30cm nicht überschreiten, die geringe Größe ist ein Erfolgselement.Nun die Fragen die viele Züchter bewegen. Was versteht aber der Einzelne unter einer geringen Größe? Einen 23 cm großen Hund oder drunter oder darüber? Diese undefinierbare Beschreibung verunsichert Züchter, Aussteller und Richter. Muss der Bichon frisé neuerdings kleinwüchsig und zwergenhaft sein? „Nein!"

Der Bichon frisé ist ein Kleinhund und kein Zwerg, und so sollte es auch bleiben. In jedem Wurf kommen naturgemäß größere und kleinere Welpen zur Welt. Ausgewachsen haben kleine Bichon frisé in etwa eine Schulterhöhe von 24cm bis 25 cm, mittelgroße 26 cm bis 28 cm und große bis 30cm. Auf die Größe des Bichon frisé sollte nicht ein so großer Wert gelegt werden, solange die Höchstgrenze von 30 cm Schulterhöhe nicht überschritten wird. Viel wichtiger ist, dass der Hund in seiner Gesamterscheinung harmoniert und alles typisch zueinander passt. Obwohl das Körpergewicht im Standard nicht erwähnt wird, darf er nicht zu klein oder gar zu zart sein. Der Bichon frisé ist ein robuster, kompakter Kleinhund mit mittelstarkem Knochenbau. Durchschnittlich wiegt er bei 25 cm Schulterhöhe 5 bis 6 kg.

Der Rassestandard des Bichon frisé
FCI-Standard Nr. 215 / 11.05.1998 / D

Bichon frisé (Bichon à poil frisé)

Datum der Publikation des gültigen Originalstandards: 10.01.1972

Übersetzung:	Frau Michéle Schneider, durch Dr. J. M. Paschoud neu formatiert
Ursprung:	Frankreich / Belgien
Verwendung:	Gesellschaftshund
Klassifikation FCI:	Gruppe 9 Gesellschafts- und Begleithunde Sektion 1 Bichon und verwandte Rassen Ohne Arbeitsprüfung

Allgemeines Erscheinungsbild:

Kleiner, fröhlicher und verspielter Hund; lebhaftes Wesen; mittellanger Fang, korkenzieherartiges Haar, das dem Haarkleid der Mongolenziege ähnelt. Der Kopf wird stolz und hoch getragen; die dunklen Augen sind ausdrucksstark, der Blick lebhaft.

Kopf: In Harmonie zum Körper.

Oberkopf:

Schädel: Der Schädel fühlt sich eher flach an, obwohl ihn die Haarpracht rund erscheinen lässt. Der Schädel ist länger als der Fang.

Stop: Wenig ausgeprägt.

Gesichtsschädel:

Nasenschwamm: Der Nasenschwamm ist abgerundet, gut schwarz, feinkörnig und glänzend.

Fang: Der Fang darf weder dick noch schwer, aber auch nicht spitz sein. Die Rinnen zwischen den Augenbrauenbogen sind wenig sichtbar.

Lippen: Die Lippen sind dünn, ziemlich trocken, wenn auch weniger als Schipperke; sie reichen gerade so weit herab, dass die Unterlippe bedeckt wird, aber nie schwere oder hängende Lefzen; sie sind bis zum Lippenwinkel normal schwarz pigmentiert; die Unterlefze darf weder schwer noch sichtbar noch schlaff sein; bei geschlossenem Fang darf sie die Schleimhaut nicht sehen lassen.

Kiefer / Zähne: Normales Gebiss; das heißt, die Schneidezähne des Unterkiefers stehen unmittelbar gegen und hinter der Spitze der Zähne des Oberkiefers.

Wangen: Flach und nicht sehr muskulös.

Augen: Die dunklen Augen werden von möglichst dunklen Lidern gesäumt und sind von eher runder Form, nicht mandelförmig; sie sind nicht schräg gestellt; lebhaft, nicht zu groß und lassen kein Weiß sichtbar werden. Sie sind weder groß noch vorstehend wie beim Brüsseler Griffon und beim Pekinesen; keine vorspringende Augenhöhle; der Augapfel darf nicht übertrieben hervortreten.

Ohren: Hängeohren, reich mit langem und fein gekräuseltem Haar bedeckt; wird die Aufmerksamkeit des Hundes erweckt, so sind sie eher nach vorn gerichtet, aber so, dass der vordere Rand den Schädel berührt und nicht schräg absteht; der Ohrlappen darf nicht bis zum Nasenschwamm reichen wie beim Pudel, sondern muss auf halber Fanglänge enden. Die Ohren sind übrigens weit weniger breit und dünner als bei diesem Hund.

Hals: Der Hals ist recht lang und wird hoch und stolz getragen. Er ist rund und nahe am Schädel dünn; er wird dann allmählich breiter, um sich übergangslos in die Schultern zu fügen. Seine Länge entspricht etwa einem Drittel der Körperlänge (11 cm auf 33 cm bei einem 27 cm großen Hund), wenn man dabei die Stelle, wo die Schulterblattkuppen gegen den Widerrist stehen, als Bezugspunkt nimmt.

Körper:

Lenden: Breit und muskulös, leicht gewölbt.

Kruppe: Leicht abgerundet.

Brust: Die Brust ist gut entwickelt, das Brustbein ausgeprägt, die falschen Rippen gerundet und nicht schroff abbrechend. Der Brustkasten hat in der Waagerechten eine ziemliche große Tiefe.

Untere Profillinie und Bauch: Die Flanken sind gut zum Bauch aufgezogen; die Haut ist dort dünn und nicht lose; dies verleiht ein ziemlich windhundartiges Aussehen.

Rute: Sie ist etwas tiefer unterhalb der Rückenlinie angesetzt als beim Pudel. Gewöhnlich wird die Rute hoch und anmutig über den Rücken gebogen, auf der Ebene der Wirbelsäule getragen, ohne einzurollen; sie ist nicht kupiert und sie darf den Rücken nicht berühren; allerdings kann der Haarschmuck auf den Rücken herabfallen.

Gliedmaßen

Vorderhand: Von vorn gesehen sind die Läufe gerade, gut senkrecht gestellt und von feinem Knochenbau.

Schultern: Sie steht ziemlich schräg und tritt nicht hervor; sie scheint von gleicher Länge zu sein wie der Oberarm, etwa 10 cm.

Oberarm: Steht nicht vom Körper ab.

Ellenbogen: Nicht ausgedreht.

Vorderfußwurzelgelenk: kurz, von vorne betrachtet gerade; von der Seite gesehen leicht schräg.

Hinterhand: Becken breit.

Oberschenkel: Breit und gut bemuskelt; gut schräg liegend.

Sprunggelenk: Im Vergleich mit dem Pudel ist das Sprunggelenk stärker gewinkelt.

Pfoten: Sehnig. Krallen vorzugsweise schwarz; allerdings ist diese ideale Farbe schwer zu erreichen.

Haut: Unter dem weißen Haar vorzugsweise dunkel pigmentiert; die Hautfarbe der Geschlechtsteile ist schwarz, bläulich oder beige.

Haarkleid:

Haar: Dünn, seidig, korkenzieherartig, sehr locker, dem Fell der Mongolenziege ähnlich; weder schlicht noch verflochten; es erreicht 7-10 cm Länge.

Toilette: Der Hund kann mit leicht zurechtgemachten Pfoten und Fang vorgestellt werden.

Farbe: Reines Weiß.

Größe: Die Widerristhöhe soll 30 cm nicht überschreiten; die geringe Größe ist ein Erfolgselement.

Fehler:

Jede Abweichung von den vorgenannten Punkten muss als Fehler angesehen werden, dessen Bewertung in genauem Verhältnis zum Grad der Abweichung stehen sollte.

- leichter Vor- oder Rückbiss.
- Haar: Schlicht, gewellt, verflochten, zu kurz.
- In das Haar aufsteigende Pigmentierung, so dass sich rötliche Flecken bilden.

Ausschließende Fehler:

- Fleischnase
- Fleischfarbene Lippen
- So stark ausgeprägter Vor- oder Rückbiss, dass die Schneidezähne sich nicht mehr berühren.
- Helle Augen.
- Eingerollte Rute, Schraubenrute.
- Schwarze Flecken im Fell.

N.B. Rüden müssen zwei offensichtliche normal entwickelte Hoden aufweisen, sie sich vollständig im Hodensack befinden.

Anmerkung

Diese Angaben sind im Standard der FCI nicht aufgeführt!

Die Farbe des Bichon frisé: weiß

Gelbliche, braune Schattierungen (besonders an den Ohren) sind normal und wachsen später heraus. Sie werden weder als Farbe noch als Fehler im Wurfabnahmebericht des Zuchtwartes aufgeführt.

Gewicht:

Über das Gewicht stehen im Standard keine Angaben. Der Bichon frisé ist ein kompakter Kleinhund und kein zartgliedriger Zwerg, durchschnittlich wiegt er bei 25 cm Schulterhöhe 5 bis 6 kg. Ein 28 cm großer Hund wiegt etwa 7-8 kg.

Unterwolle:

Weder im FCI noch im englischen Standard ist erwähnt, dass der Bichon frisé Unterwolle besitzt.
Im amerikanischen Standard steht dazu: die Unterwolle ist weich und dicht, das Deckhaar soll eine lockige, festere, rauere Struktur aufweisen.

Wie wird der Bichon frisé ein Ausstellungsstar?

Bichon frisé, die sich in der Atmosphäre der Ausstellungshallen nicht wohl fühlen, werden nie gute Showhunde. Sie haben einfach keinen Spaß an diesem „Theater", sind verunsichert und präsentieren sich auch nicht überzeugend. Ersparen Sie diesem Bichon frisé den Stress, lassen Sie „den Unwilligen" Zuhause auf dem Sofa liegen. Hier erfüllt er sicherlich die Aufgaben eines lieben Familienhundes zu Ihrer vollsten Zufriedenheit.

Üben, üben, üben

Möchten Sie mit dem Bichon frisé eine Ausstellungskarriere anstreben, beginnen Sie im Welpenalter mit den Übungen, vielleicht besitzen Sie ja den geborenen Champion. Auch wenn ihr Bichon frisé nicht Showstar werden soll, sind die Übungen doch eine schönes Training. Mit guter Erziehung kann man immer punkten.

- Gewöhnen Sie den kleinen Bichon frisé an das Stillstehen auf einem Tisch.
- Tasten Sie den ganzen Körper ab, auch die Geschlechtsteile, schauen Sie in die Schnauze, der Bichon frisé muss sich alles kampflos gefallen lassen.
- „Bauen" Sie Ihren Bichon frisé auf! Sein Rücken muss gerade sein, nicht gewölbt oder durchhängend.
- Plazieren Sie Ihre linke Hand unter seinem Kinn, so lernt er seinen Kopf elegant hoch zu halten.
- Seine Vorder- und Hinterbeinchen müssen parallel zueinander stehen (von vorne bzw. von hinten gesehen).
- Unterstützen Sie die Rutenhaltung mit Ihrer rechten Hand. Seine Rute sollte der Hund locker über den Rücken tragen, nicht hängend oder gar eingekniffen. Lassen Sie Ihren Hund eine kurze Weile so stehen, loben nicht vergessen.

Einem ungeduldigen jungen Bichon frisé fällt es schwer längere Zeit still zu stehen. Anfangs immer nur kurz üben. Wenn der Hund älter wird, verlängern sich nach und nach die Übungszeiten.

Beherrscht der Bichon frisé das entspannte Stehen auf dem Tisch, üben Sie auf dem Fußboden weiter. Obwohl der Hund auf dem Tisch schon fast alles perfekt gemacht hat, sieht die Sache auf dem Fußboden ganz anders aus. Die „Arbeit" muss dem Bichon frisé Spaß bereiten und ihn nicht verunsichern oder gar unter Stress setzen.

Klappt das Stehen und Abtasten, beginnen Sie mit den Übungen zum richtigen Laufen. Verwenden Sie dazu eine spezielle Vorführleine. Sie ist schmaler als normale Halsbänder und wird sehr weit oben am Hals des Hundes, direkt hinter dessen Ohren angelegt.

Dieses hat den Vorteil, dass der Vorführer auf die Kopf- und Körperhaltung seines Hundes behutsam Einfluss nehmen kann. Strafft er die Leine, hält der Hund seinen Kopf in einer aufrechten Position, somit bleibt auch sein Rücken in der Geraden. Der Bichon frisé darf niemals durch den Ring gezerrt oder geschleudert werden. Seine Beinchen müssen immer vollen Bodenkontakt haben.

Der Bichon frisé sollte im Ausstellungsring nicht mit der Nase am Boden schnüffelnd laufen, sondern in stolzer Körperhaltung, mit hocherhobenen Kopf. Spielen mit den anderen Hunden oder gar Urinmarken hinterlassen ist im Ring nicht gestattet und unfair.

Der Vorführer und sein Hund müssen im Ring als Ganzes, ein harmonisches Bild ergeben.

Gewinnt Ihr Bichon frisé nicht beim ersten Mal, betrachten Sie die ersten Ausstellungen einfach nur als Lehrstunden.

Vor einer Ausstellung wird der Bichon gebadet und bekommt einen frischen Haarschnitt.

Vergessen Sie nicht, die Haare unter den Fußballen zu schneiden. Die Zähne müssen von Zahnstein befreit, die Haare aus den Ohren herausgezupft und die Krallen gekürzt werden.

Eine Tollwutimpfung muss er spätestens vier Wochen vor der Ausstellung Erhalten.

Wie alt ist der Bichon frisé in Menschenjahren?

Altersstufen: Welpe, Junghund, erwachsen, Senior

Bei dem robusten Bichon frisé setzen wir durchweg eine hohe Lebenserwartung von mindestens zwölf Lebensjahren voraus. Natürlich ist das von Hund zu Hund verschieden, zumal das erreichbare Alter von vielen Faktoren wie Vorerkrankungen, Ernährung, Genen etc. abhängig ist. Immer mehr Hunde erreichen sogar das 15. oder 16. Lebensjahr, vielleicht auch mehr, das ist aber recht selten. Im ersten Lebensjahr wächst ein Welpe drei bis dreißig Mal so schnell wie ein Menschenbaby. Das Wachstum richtet sich nach der Endgröße einer Rasse. Kleinhunde reifen körperlich am schnellsten. Etwa mit acht Monaten ist der Bichon frisé körperlich ausgewachsen, erwachsen ist er aber erst mit 15 Monaten. Die Entwicklung seines reichen Haarkleides kann bis zu zwei Jahre dauern.

Die alte Volksweisheit, dass ein Hundejahr gleich sieben Menschenjahren entspricht, ist überholt.

Seriöse Züchter geben Bichon-frisé-Babys nicht vor 9 Lebendwoche ab, sie sind dann vergleichbar mit einem 3½-jährigen. Mit zwölf Wochen sind sie im Kleinkindalter von fünf Jahren. Ab fünf Monaten ist der Bichon frisé kein Welpe mehr, sondern ein Junghund, vergleichbar mit einem 9-jährigen. Der Bichon frisé kann sich jetzt länger konzentrieren und mehr bei Spiel & Sport und der Erziehung gefordert werden. Ab sieben Monaten wird einiges anders, Ihr Hündchen ist nun ein Teenager, etwa 12½ Jahre alt. Seine Hormone spielen verrückt, man nennt es Pubertät! Und so verhält sich unser weißer Schlingel auch.

Ein zweijähriger Bichon frisé zählt 24 menschliche Jahre. Von diesem Zeitpunkt an rechnet der Wissenschaftler zu jedem Jahr vier dazu. So gewinnen Sie einen guten Einblick, wie alt Ihr Bichon frisé im Vergleich zum Menschen ist.

In älteren Büchern zählt bereits ein Hund im Alter von acht Jahren zum „Alten Eisen". Bei Riesenrassen mag das annähernd stimmen. Je größer die Hunderasse, je kürzer die Lebenserwartung. 12- oder 13-jährige Deutsche Doggen sind sicherlich nicht so häufig vertreten wie Bichon frisé. Mit acht Jahren ist Ihr Bichon etwa 48 Menschenjahre alt und bei weitem noch kein Rentner, aber auch kein junger Spund mehr.

Im Endeffekt zählen Kleinhunde ab neun Jahren zu den „jungen" Senioren, sie sind dann etwa mit einem 56-jährigen Menschen im Vorruhestand zu vergleichen. Mit 13 Jahren befindet sich der Bichon frisé in einem fortgeschrittenen Alter, etwa wie ein Endsechziger. Ein wirklich hohes Alter hat der Bichon mit 16 Lebensjahren erreicht, nun ist er ein echter Oldie. Immerhin ganze 80 Menschenjahre alt.

Feiert Ihr Bichon frisé seinen neunten Geburtstag, sollten sie sich auf seine Bedürfnisse in diesem Lebensabschnitt einstellen. Auch wenn er keinerlei Anzeichen eines alten Hundes zeigt, ist die Umstellung auf ein sehr gutes Senior-Futter unbedingt angebracht. Unterschätzen Sie nie die Macht einer optimalen Ernährung.

Der Bichon frisé kommt ins Rentenalter

Fortschritte der letzten 20 Jahre in der Veterinärmedizin, Erforschung geeigneter Futtermittel und Veränderungen ihres sozioökonomischen Status, ermöglichen Haushunden heutzutage länger zu leben als je zuvor. Sie sind fast genauso lange „alt", wie sie „jung" sind! Die

Auch im „jungen Rentenalter" schön und liebenswert, Charly und Bijou

Wahrscheinlichkeit, dass auch der ansonsten robuste Bichon frisé von einer oder mehreren Alterserscheinungen betroffen sein kann, steigt. Daraus resultierend ist ein besonders umfangreiches Kapitel über den alternden und alten Hund entstanden. Ich möchte Sie sensibilisieren, sich bewusst für Ihren Bichon-frisé-Senior zu interessieren.

Meine Ausführungen gelten natürlich für alle Hunderassen, keinesfalls soll der Eindruck erweckt werden, dass der alte Bichon frisé immer krank wird, ganz im Gegenteil.

Kognitive Funktion und Dysfunktionen (CDS)

Kognitive Funktionen,

wie Aufmerksamkeit, Wahrnehmung, Lernen, Gedächtnis, sowie das Treffen von Entscheidungen (Denkvermögen), versetzen Menschen so auch Hunde in die Lage Informationen aus seiner Umwelt aufzunehmen, zu verarbeiten und sich zu erinnern.

Kognitive Dysfunktion CDS („Cognitive dysfunction syndrome")

ist ein Begriff für altersbedingte Verhaltensänderungen, die nicht ausschließlich organisch bedingt sind, auch als Demenz bezeichnet.

Natürlich zeigen nicht alle alten Hunde Anzeichen einer kognitiven Dysfunktion, zumal der Bichon frisé erfahrungsgemäß länger „jung" bleibt. Demenz sollte jedoch in keinem Fall als eine normale altersbedingte Veränderung betrachtet, sondern immer als pathologischen Prozess eingestuft werden. Die Lebenserwartung von medizinisch gut versorgten, optimal ernährten Hunden steigt kontinuierlich. Die Wahrscheinlichkeit, dass bei einem alternden Hund eine kognitive Dysfunktion auftritt, steigt mit zunehmendem Lebensalter.

Geriatrische Verhaltensänderungen im Sinn einer kognitiven Dysfunktion beim Hund werden in vier Kategorien eingeteilt:

1.) Mangelndes Wiedererkennen von Personen, Situationen und Umwelt
Einige Hunde erkennen ein zuvor vertrautes Familienmitglied nicht. Begrüßen ihren Besitzer nicht mehr beim Heimkommen. Sie erkennen den Hauseingang nicht wieder, vergessen wo ihr Körbchen steht, erschrecken sich plötzlich vor vertrauten Geräuschen; Staubsauger, Donner, Verkehrslärm, usw. Übermäßiges Bellen und Jaulen ohne Grund gehört ebenfalls zu den Dysfunktionen.

2.) Verlust der Stubenreinheit - Inkontinenz
Der Hund macht im Schlaf unter sich. Setzt unkontrolliert Urin und Kot im Haus ab, vor allem, wenn er zu Hause bleiben musste und er sich dann unsicher und alleine fühlt.

3.) Desorientiertheit
Die Hunde verlaufen sich in vertrauter Umgebung, im Haus und Garten, bleiben vor einer Wand stehen, starren in die Luft, finden den Türdurchgang nicht, wandern ziellos umher, wissen nicht mehr wie sie eine Treppe laufen können. Unfälle sind bei diesen Hunden vorprogrammiert.

4.) Nachtaktiv (veränderter Schlaf-Wachrhythmus)

Der Hund schläft am Tage länger und öfter als vorher, ist dafür in der Nacht aktiv. Manchmal jaulen, oder winseln die Hunde ohne Grund. Wandern ziellos umher, kratzen am Boden, oder Gegenständen .

Behandlung von CDS

Tierärzte müssen sich in unserer modernen Zeit immer häufiger mit alten Hunden und ihren gesundheitlichen Probleme beschäftigen, auch werden sie die Verhaltenstherapie in ihr Behandlungskonzept integrieren müssen. Erprobte Medikamente stehen bereit. Für die richtige Diagnosestellung einer kognitiven Dysfunktion ist eine Allgemeinuntersuchung, eine neurologische Untersuchung, sowie Laborwerte von Blut und Urin notwendig. SELEGILIN (Seligan, Ceca Santa Animale) ist ein zugelassenes Medikament für kognitive Dysfunktionen beim Hund. Internationale Studien belegen in vielen Fällen bereits innerhalb der ersten beiden Behandlungswochen eine deutliche Besserung im Verhalten des Hundes. SELEGILIN an relativ gesunden, 10- bis 15- Jahre alte Hunde soll eine Lebensverlängerung bewirken

Der Bichon frisé - liebenswert bis ins hohe Alter

Der Bichon frisé gehört in Deutschland - noch - zu den robusten und gesunden Hunderassen mit einer ausgesprochen hohen Lebenserwartung. Der Alterungsprozess beginnt langsam, verläuft jedoch kontinuierlich. Er ist u. a. abhängig von der allgemeinen Gesundheit, Vorerkrankungen, Organschädigungen usw. sowie einer artgerechten Ernährung, Pflege und Gesundheitsvorsorge (u. a. Impfungen, Entwurmungen).

Ein neun Jahre alter Bichon frisé ist kein junger Hund mehr, aber ob er wirklich schon alt ist, zeigt der Einzelfall und ist von Hund zu Hund unterschiedlich. Die Wahrscheinlichkeit, dass der Bichon frisé bis ins hohe Alter gesund und munter bleibt, ist ausgesprochen hoch. Natürlich können Sie nicht verhindern, dass Ihr Liebling altert. Sie können aber viel dazu beitragen, dass er möglichst lange gesund und fit bleibt. Bichon frisé, die am Leben aktiv teilnehmen dürfen, neue Reize in ihrem Lebensraum geboten bekommen, viele menschliche und tierische Kontakte haben, zeigen meist erst viel später und „sanfter" Alterserscheinungen als Hunde anderer Rassen.

Der Bichon frisé ist auch als Senior unternehmungslustig, relativ verspielt und ausgesprochen scharfsinnig. Er liebt es, immer wieder neue Dinge kennen zu lernen, seine Neugierde ist ungebrochen. Unbekanntes in Haus und Garten wird sofort bemerkt und genau untersucht, besonders interessant sind nach wie vor Frauchens Einkaufstüten. Der Bichon frisé ist nicht nur in seiner Jugend liebenswert, auch der Ältere hat ein bezauberndes Wesen und Charakter. Egal welche Veränderungen im Verhalten oder seiner Gesundheit er mit zunehmendem Alter zeigt, nichts geschieht mit böser Absicht. Bedenken Sie, alt werden wir alle! So lange sich leichte Verhaltensänderungen in Grenzen halten, kann man sicherlich darüber schmunzeln. Das Wichtigste für Ihr Hündchen ist Ihre Liebe, Ihr Verständnis und Ihre Geduld. Mehrheitlich strahlen ältere Bichon frisé eine bewundernswerte Gelassenheit aus. Sie genießen ihr Rentnerdasein und lassen es sich gut gehen. Nichts und niemand stört sie, keine Kinder, kein Lärm, sie stehen einfach über den Dingen. So ist er halt, der „weiße Traum im Teddylook". Alt werden ist ein natürlicher biologischer Vorgang.

Altersbedingte Veränderungen zeigen sich beim Hund vorrangig an Haut, Herz-Kreislaufsystem, Verdauungstrakt, Harnapparat, Endokrinum (Hormondrüsen) und Nervensystem. Alle Körperfunktionen lassen einfach langsam nach, die Durchblutung aller Organe, einschließlich des Gehirns, vermindert sich! Wissenschaftler kommen zu der Erkenntnis, das Krebserkrankungen und Tumore (Geschwulstkrankheiten) die häufigsten Todesursachen älterer Hunde sind Eine altersgerechte Ernährung ist für den Bichon frisé sehr wichtig. Die Funktionsfähigkeit aller körperlichen Systeme wird vom verabreichten Futter in erheblichem Umfang beeinflusst. Die moderne Veterinärmedizin kann in fast allen Fällen helfen oder durch eine optimale medizinische Betreuung Leiden lindern. So versorgt kann ihr Bichon frisé ein lebenswertes Rentnerdasein bei und mit ihnen genießen.

Erste Wehwehchen und Verhaltensänderungen können sich einstellen

Bitte beachten Sie, viele der hier beschriebenen gesundheitlichen oder nur kosmetisch bedingten Störungen z.b. Kotkonsistenz, Probleme mit Augen- Gehör- Haut- Gelenke, vermehrter Durst usw. können bei Hunden aller Altergruppen vorkommen, auch beim Welpen

Die Aktivität des Immunsystems

nimmt im Laufe des Alters ab, spezifische Antikörper gegen fremde Antigene werden im Alter vermindert gebildet.

Hautbeulen, Warzen, Zysten und Hauttumore

können Anzeichen für Krebs sein. Vermehrte (Haut-)Tumore werden u. a. auf die nachlassende Effektivität des Immunsystems und die vermehrte Bildung von Sauerstoffradikalen zurückgeführt.

Gut- oder bösartig analysiert die Biopsie (Entnahme einer Gewebeprobe). Obwohl der Bichon frisé nicht für Hautkrankheiten anfällig ist, sollte beim alten Hund dennoch auf die vorgenannten Anzeichen geachtet werden.

Verstärktes Ruhebedürfnis, verminderte Leistungsbereitschaft

Möglicherweise will Ihr Bichon frisé nicht mehr so lange spazieren gehen, beim Herumtollen mit seinen Hundekameraden wird er schneller müde, dem geliebten Ball hinterherhetzen fällt nun langsamer aus. Zwingen Sie den Bichon frisé im fortgeschrittenen Alter nicht, sich täglich über längere Zeit zu verausgaben. Die Geschwindigkeit beim Spielen und Spaziergang gibt nun er an. Aus dem schnellen Flitzer von einst wird meist ein genügsames ruhiges Hündchen. Auf regelmäßige Bewegung sollte aber weder im fortgeschrittenen Alter noch im hohen Alter ganz verzichtet werden. Alles in Maßen, aber regelmäßig. Sie wissen doch, wer rastet der rostet!

Wirklich faule und bequeme Bichon frisé müssen von ihrem Menschen mit sanfter Gewalt zu mehr Bewegung „überredet" werden. Lassen Sie sich nicht von seinem herzzerreißenden Blick erweichen, frische Luft belebt die Lebensgeister, kleine Ausflüge schmieren die Gelenke. Es ist vorteilhafter zwei bis drei kurze als einen langen Spaziergang mit dem alten Hund zu unternehmen. Ist Ihr Bichon-frisé-Senior jedoch noch sehr beweglich und fit, ermöglichen Sie ihm die Bewegung, die er von sich aus und ohne Zwang bewältigt.

Bichon frisé genießen es von ihren geliebten Menschen verwöhnt zu werden. Sie merken schnell, wann Frauchen oder Herrchen Mitleid mit ihnen haben. Der vermeintlich in seiner Mobilität eingeschränkte „Greis" lässt sich Zuhause das Futter ans Sofa servieren und ausgiebig verhätscheln. Ja, das gefällt diesem Schlauberger sicherlich. Wundern Sie sich aber nicht, wenn Ihr Liebling draußen wieselflink mit einem Spielkameraden über die Wiese fegt. Bisweilen werden Bichon-frisé-Senioren bei zu temperamentvollen Artgenossen ungehalten und unsicher, sie fühlen sich von den kräftigen, wilden Hunden überfordert. Einige Senioren mögen die aufdringliche Art von Welpen nicht, sie reagieren dann abweisend, knurren oder schnappen nach dem Kleinen. Aber richtig böse werden sie sehr selten.
Bitten Sie Ihre Kinder auf das vermehrte Ruhebedürfnis Rücksicht zu nehmen. Der ehemals sehr kinderfreundliche Hund möchte wahrscheinlich mehr Ruhe haben und nicht so viel rumtoben. Auch lautes Getrampel oder übertriebenes Geschrei von Kleinkindern könnte den hochbetagten Bichon frisé verängstigen und zu anstrengend sein. Sorgen Sie dafür, dass der Hund in seinem Körbchen nicht von den kleinen Zweibeinern gestört oder ständig belästigt wird.

Abnahme der Reaktionsfähigkeit auf Umwelteinflüsse, Erhöhung der Stressanfälligkeit

Der Bichon frisé erschreckt sich plötzlich vor fremden Menschen, lauten Geräuschen oder Gegenständen. Er bellt wegen irgendwelchen Tönen, die ihn sonst nie gestört haben und bestens bekannt sind. Gleichfalls ist der ehemals sehr wachsame Hund nicht mehr so interessiert, er bekommt das eine oder andere gar nicht mehr mit.

Die Schlafphasen

des alternden Bichon frisé werden tiefer und länger. Manchmal muss der Besitzer seinen Senior erst aufwecken. Fremde Geräusche können mit zunehmendem Alter ignoriert werden.

Hustet

der Bichon frisé häufig, auch im Liegen, und verhält sich antriebslos, dann ist eine kardiologische Untersuchung angebracht. Sein kleines Herz könnte ihm Probleme bereiten. Vermehrtes Gewebewasser lässt das Herz nicht mehr optimal arbeiten. In leichteren Fällen reichen oftmals regelmäßige Gaben entwässernder Medikamente.

Die Stubenreinheit

wird natürlich auch von einem älteren Bichon frisé erwartet.
Alte Hunde können vermehrt Probleme mit ihrer **Blase und den Nieren** haben. Sie leiden oftmals an Wassereinlagerungen oder haben vermehrt Durst. Ist Ihr Bichon frisé davon betroffen, müssen Sie ihm öfters Gelegenheit zum Erledigen seines „Geschäftchens" geben. Eine nachlassende Kontrolle des **Schließmuskels** wird den Bichon frisé in eine Zwangslage bringen. Er kann sich nicht mehr frühzeitig bemerkbar machen, wenn es ihm „drückt".

Stubenreinheit lässt nach

Kann Ihr alter Bichon frisé nicht mehr so lang einhalten, ist es hilfreich ihn auf einen Löseplatzersatz zu trainieren. Eine gut saugende Krankenunterlage 60 cm x 90 cm (Sanitätshaus, Apotheke) leistet gute Dienste. Diese Unterlage bewahrt Sie vor allem bei Ihrer Abwesenheit und in der Nacht vor feuchten Überraschungen. Bestrafen Sie Ihren Bichon frisé nicht, wenn ihm ein Malheur passiert ist, er macht es ja nicht mit Absicht, haben Sie Verständnis!

Auf die Kotkonsistenz

Ihres Bichon frisé zu achten, ist besonders wichtig! Der normale Kot ist weich und wurstförmig. Mit leichtem Pressen sollte auch der alte Hund sein Geschäft problemlos und zügig erledigen können. Hat der Bichon frisé Probleme beim Kotabsatz, muss zu stark oder länger gepresst werden, ist die Konsistenz zu hart. Das kann bis zur Verstopfung führen. Der Tierarzt wird dem Hündchen ein Mittel verabreichen, das den Kot weicher macht und die Verstopfung aufhebt. Ständiger Durchfall oder Verstopfung ist unnormal und muss unbedingt vom Tierarzt behandelt werden.

Bei älteren Rüden

ist besondere Vorsicht geboten, Lebensgefahr! Durch eine krankhafte Vergrößerung der Prostata kommt es zum erschwerten bis vollständigen Ausbleiben des Kotabsatzes.

Das Wärmebedürfnis

steigt, Ihr Bichon frisé liegt plötzlich gerne auf einer warmen Decke oder nahe der Heizung, und nicht mehr auf den kalten Badezimmerfliesen. Spaziergänge bei kalter, feuchter Witterung sollten dann nicht so lang ausfallen. Ein wärmendes Mäntelchen ist in diesem Fall sicher kein modischer Schnickschnack.

Rheumatische Erkrankungen, Hinterhandschwäche

Diese Gebrechen können den Bichon frisé mit Schmerzen und Wetterfühligkeit plagen. Arthritis, degenerative Gelenkserkrankungen, Spondylosen (krankhafte Veränderungen/Verkalkungen an der Wirbelsäule) sind bei Hunden nicht selten. Betroffene Hunde haben oft starke Schmerzen, sind dadurch ungehalten und wollen sich nicht mehr freiwillig bewegen oder überall anfassen lassen.
Entzündungs- und schmerzstillende Medikamente erleichtern dem Bichon frisé sein Leben. Eine rechtzeitige Umstellung auf geeignete Ernährung kann ebenfalls helfen. Regelmäßige kleine Spaziergänge oder warme Bäder halten die Gelenke beweglich. Der hochbetagte Hund kommt vielleicht nicht mehr alleine aufs Sofa oder ins Auto, dann sollten seine Menschen bereit sein Hilfestellung zu leisten. Vergessen Sie aber nicht, ihn wieder herunterzuheben. Beim Runterspringen werden seine Bänder und Gelenke zu stark beansprucht.

Vermehrter Durst

kann auf Diabetes mellitus, Nieren- oder Blasenerkrankungen hinweisen.

Riecht der Bichon frisé penetrant aus seiner Schnauze

können krankhafte Probleme vorliegen z.B. im Bereich der Mundhöhle, Zahnstein, marode Zähne, Gaumenverletzung usw. Entzündungen der Lippenfalten, Ohrenentzündung, Erkrankungen der gesamten Haut (z.B. Seborrhöe = Hautschuppenerkrankung). bei Nieren- und Blasenproblem, oder anderen Stoffwechselstörung müffelt der ganze Hund
nach Urin. **Rüden** riechen unangenehm und auffällig bei einer Entzündung der Vorhaut. **Hündinnen** mit einer offenen Entzündungen der Gebärmutter, haben klebrigen Ausfluss, dieser hat je nach Stärke einen unangenehm, beißenden Ammoniakgeruch. Bemerken Sie bei Ihrem Bichon frisé fremde Gerüche, lassen Sie ihn vom Tierarzt untersuchen, lieber einmal zu viel als zu wenig!

Die Sehkraft der Augen und das Gehör

lassen mit zunehmenden Alter oft nach. Hunde, die an mangelnder Wahrnehmung leiden, neigen dazu, sich leichter zu erschrecken. Nehmen Sie Ihren Bichon frisé bei Anzeichen einer Hör- oder Sehschwäche beim Gassi- und Spazieren gehen unbedingt an die Leine.

Der Bichon frisé vernimmt Ihr Rufen und Pfeifen nicht, erkennt Sie auf längeren Distanzen nicht mehr und bringt sich so in Gefahr. Vorsicht, wenn der alte Hund Sie nicht mehr sieht oder hört, wird er orientierungslos und gerät in Panik. Die Gefahr, dass er ziellos wegrennt, ist sehr groß. Manchmal ist mit dem Gehör unserer Lieblinge alles in Ordnung und trotzdem überhören sie elegant unsere Stimme.

Der Altersstarsinn

macht auch vor unseren Bichon frisé nicht halt. Eine Flexi-Rollleine (drei bis fünf Meter lang) ist sehr praktisch. Ihr Hündchen kann sich frei bewegen und ist trotzdem vor bedrohlichen Situationen geschützt.

Milchige Verfärbung der Augenlinse (Altersstar)

sind nicht unbedingt normal, aber meist altersgerecht. Sie weisen auf einen Katarakt (Grauer Star), Sklerose der Linse (Altersdegeneration), PRA (progressive Retina Atrophie) oder RD (Retina Dysplasie) hin. Konsultieren Sie mit Ihrem Hündchen einen Facharzt für Augenkrankheiten. Laserbehandlungen am Auge sind auch beim Hund leicht möglich. Blinde Hunde finden sich als „Nasentier" gut in ihrer vertrauten Umgebung zurecht, trotzdem sollten Sie alles unternehmen, um Ihrem Bichon frisé sein Augenlicht zu erhalten.

Vermehrter Tränenfluss mit unschönen rötlichen Verfärbungen

im Haar der Augenregion entstehen oftmals allein durch mangelnde Pflege. Verantwortlich könnte aber auch eine Verstopfung des ableitenden Tränenkanals, Bindehautentzündung, Überempfindlichkeit gegen Sand, Wind, Blütenpollen etc, oder ein zu trockenes Auge (Schirmer Test beim Tierarzt) sein. In allen Fällen sollte ein Tierarzt spezialisiert auf Augenkrankheiten (meist in einer Tierklinik) aufgesucht werden.

Auf Zähne, Zahnverfärbungen, Zahnfleischerkrankung und Mundgeruch achten.

Vereinzelter Zahnverlust ist auch bei einem gepflegten Bichon frisé im Alter meistens nicht zu vermeiden. Marode oder lose Zähne sollten von einem Tierarzt gezogen werden. Sie verursachen Schmerzen und üblen Mundgeruch. Zudem dringen Bakterien von faulen Zähnen ins Blutsystem des Hundes vor und verursachen an Organen weitere Krankheiten. Trockenfutter für „zahnlose" Hündchen in Wasser einweichen, Hausmannskost weich kochen, Frischfleisch sehr klein schneiden. Fehlen viele Backenzähne pürieren Sie einfach das Futter zu einem festeren Brei. So schmeckt es Ihrem Liebling sicherlich auch gut und ist zudem leicht verdaulich. Zahnfleischerkrankungen, Abszesse und Verletzungen des Zahnfleisches und Rachenraumes (Mandeln) sind ebenfalls schmerzhaft, verursachen Mundgeruch und müssen dringend behandelt werden.

Ein kleiner Hängebauch

ist auch bei einem schlanken Bichon frisé möglich. Die Abnahme nahezu aller Körpergewebe (außer Fettgewebe, dies ersetzt die verlorene Gewebemasse) geht einher mit dem Alterungsprozess, insbesondere ist das Bindegewebe betroffen. Die Elastizität und Durchlässigkeit des Bindegewebes für körpereigene Stoffe (Elektrolyte, Hormone, Energieträger u. a.) nimmt ab. Daraus folgt eine sinkende Widerstandskraft gegenüber traumatischen Einflüssen, die Verletzungsgefahr steigt.

Regelmäßige Gewichtskontrolle

ist sehr wichtig. Bichon frisé mit 25 cm Schulterhöhe wiegen etwa 5 bis 6 kg, mit 27 cm Schulterhöhe ca. 7 bis 8 kg. Sind die Rippen noch gut unter der Haut zu fühlen, ist alles im grünen Bereich. Ist Ihr Bichon frisé zu moppelig, versuchen Sie es einfach mit Diätfutter oder ersetzten Sie eine Mahlzeit gegen frisches Gemüse oder Gemüseflocken etc. Viele Tierärzte sind gute Diätberater. Mehr Bewegung, sofern der Senior das noch kann, ist sicherlich hilfreich beim Abspecken.

Übergewicht

Bichon frisé gehören nicht gerade zu den futtermäkligen Hunden, sie sind nach meinen Erfahrungen ausgesprochen gute Fresser. Starkes Übergewicht verkürzt das Leben Ihres Bichon frisé, belastet den Kreislauf, erschwert die Atmung und zieht seine Knochen, z.B. bei Arthrose in Mitleidenschaft. Übergewicht fördert u. a. Hautkrankheiten und Leberstörungen, auch vermindert es die Abwehrkräfte gegen Infektionen.

Untergewicht

ist wie Übergewicht ebenfalls nicht erwünscht. Rippen oder Knochen, die stark zu tasten oder gar zu sehen sind, bedeuten Unter-, wahrscheinlich sogar Mangelernährung! Der Geruchssinn kann vermindert sein, auch lässt im Alter oftmals der Geschmackssinn nach. Vielleicht verliert der Bichon frisé deshalb zu viel Gewicht? Spezielle, appetitanregende und Nährstoff ergänzende Mittel (meist in Pastenform) sind beim Tierarzt erhältlich.

Plötzlicher Gewichts- und Haarverlust

könnte u. a. ein Zeichen von Diabetes, Schilddrüsenunterfunktion oder anderer Hormonstörungen sein.

Appetitlosigkeit ohne erkennbaren Grund

ist nicht so tragisch. Meistens ist der alte Hund gar nicht krank, wenn er Futter verweigert. So können u. a. emotionale Belastungen (zu lange alleine, wenig Aufmerksamkeit oder zu viel Fürsorge usw.) der Grund sein. Ist Ihr Bichon frisé gut ernährt, frisst aber nicht jeden Tag die gleiche Menge, ist das völlig in Ordnung.

Der Magen eines Hundes dient als Futterspeicher, von seiner täglich aufgenommenen Nahrung wird immer ein Teil dort abgespeichert.

Ein extra Spaziergang oder eine kleine Spielstunde an frischer Luft regen den Appetit an.

Das homöopathische Mittel Phosphorus D6 oder Natrium D12 (3 x täglich 1 Tablette) über einige Tage verabreicht, kann die Esslust steigern. Welpenmilch (für Hunde) und Nutri-Cal Paste (Futterhandel, Tierarzt) sind prima Stärkungsmittel für alle Altersklassen, ebenfalls für kranke Hunde. Frisst Ihr Bichon frisé schlecht, verweigert fortwährend das angebotene Futter, ist aber ansonsten gesund, wechseln Sie zu einer anderen Sorte. Im Handel ist für jeden verwöhnten Hundegaumen etwas Leckeres erhältlich: Wild, Hühnchen, Pute, Ente, Lamm, Bison, Elch, Fisch, Lachs (mögen viele Hunde sehr gerne) usw.

Veranstalten Sie keine Hunger-Experimente mit Ihrem betagten Bichon frisé, suchen Sie nach Futter, das ihm schmeckt.

Dünnes, lichtes Fell und/oder schuppige Haut

können u. a. auf eine Hormonstörung, Schilddrüsenunterfunktion, Diabetes oder Allergie hinweisen. Gaben von Biotin, Bierhefe, essentiellen Fettsäuren und Vitaminpräparaten sollten als Hilfe, mit Einverständnis des Tierarztes, in Betracht gezogen werden. Bei kaltem, feuchtem Wetter kann ein wasserdichtes warm gefüttertes Hundemäntelchen angebracht sein.

Spröde, trockene oder gar abgebrochene Haare

können ein Merkmal für Nährstoffmangel sein. Laut Studien leiden meist Hunde, die viele Jahre ausschließlich mit minderwertigen Fertigfutter ernährt wurden unter Mangelerscheinungen. Die Haare wachsen zwar, haben aber keine Widerstandskraft. Ungeeignete oder zu scharfe Pflegeprodukte, falsche Anwendung von Kamm und Bürste sowie Umwelteinflüsse (Sonnenstrahlen) schaden diesen kranken Haaren zusätzlich.

Trockene Haut – Hautjucken - Schuppen

im Alter verliert die Hundehaut an Feuchtigkeit, wird trockener und ist nicht mehr so elastisch. Fängt die Haut dann zu schuppen und jucken an, können das gleichfalls Anzeichen einer Schuppenflechte sein. Beim Tierarzt erhalten Sie für Haut- und Haarprobleme spezielle Shampoos, z.B. Allercalm für trockene, juckende Haut. Zusätzliche Ergänzungsnahrungsmittel wie Biotin, Bierhefe und essentielle Fettsäuren (in Ölform, z.b. Lachsöl reich an Omega 3 und Omega 6 Fettsäure) helfen ebenfalls Haut und Haarkleid gesund zu erhalten. Spezielle Kräutermischungen, z. B. Hoka Mix 30 von der Firma Grau (täglich ins Futter, für Hunde jeden Alters geeignet), sorgen für eine Entgiftung und Entschlackung des Organismus und tragen so zur Gesundheit bei.

Bei übermäßigen Verfilzen der Haare

spricht der Fachmann von einer Trichombildung. Trotz guter Pflege verfilzen die Haare ganz schnell wieder. Homöopathische Mittel wie Sulfur D 6, dreimal täglich fünf Kügelchen, oder wenn dieses nicht hilft Acidum fluoricum D 15 oder Psorium D 10 zweimal täglich, als Kur über mind. vier Wochen anwenden

Gelbliche Verfärbungen im Haar

Kleinere oder große gelbliche Flecken sind bei älteren Bichon frisé (auch bei jungen möglich) nicht selten. Sepia D6 Tabletten, dreimal täglich, helfen in fast allen Fällen sehr zuverlässig. Natürlich dauert es eine ganze Weile (6-12 Monate), bis das Haar wieder weiß wird, bzw. weiß nachwächst.

Pigmentverlust - Das dunkle Pigment des Nasenspiel des Bichon frisé kann in jedem Alter aufhellen.

Diese Phänomen ist recht häufig beim Bichon frisé zu beobachten. Die vormals dunkel-schwarze Nase hellt plötzlich auf, oder wird sogar rosa bis fleischfarben. Einige Bichon frisé wechseln das Nasenpigment mit den Jahreszeiten, Hündin-

168

nen meist in der Hitze, Trächtigkeit, oder nach einem Wurf. Manchmal bleiben sie hell, in anderen Fällen werden die Nasen wieder tiefschwarz. Die Ursache dieser Depigmentierung ist weitgehend unbekannt. Normalerweise ist das Chamäleon - Phänomen kein Anzeichen einer Krankheit. Vermutet wird die Ursache in einer unzureichenden Ernährung z.B. mit Proteinen.Ergänzungsfuttermittel wie Biotin und essentielle Fettsäuren und das homöopathische Mittel Sepia D6, dreimal täglich könnten helfen die Störung zu beseitigen. Zur Sicherheit, dass es sich nur um ein kosmetisches und kein krankheitsbedingtes Problem handelt, sollte der Tierarzt den Hormonspiegel, sowie die Leber- und Nierenwerte des Bichon frisé im Labor bestimmen.

Trockene, borkige oder rissige Haut des Nasenspiegel

ist meist verbunden mit Hautjucken und Reiben der Nase auf dem Fußboden. Bei diesen Symptomen könnte eine unterschwellige Stoffwechselstörung vorliegen. Helfen kann Einreiben mit Lebertransalbe und wenn vom Tierarzt empfohlen Graphites D12 Tabletten oder Globoli, dreimal täglich

Die Krallen

können beim älteren Bichon frisé durch weniger Bewegung zu lang werden, sie sind dann manuell mit einer Krallenzange zu kürzen. Zu lange Krallen bereiten den Hund Schmerzen und verursachen Probleme beim Laufen.

Sind die Krallen spröde und splittern leicht,steckt wahrscheinlich ein Nährstoffmangel dahinter, fragen Sie Ihren Tierarzt nach Nährstoffergänzungen.

Vergessen Sie nicht, die regelmäßige Haar-, Ohren-, Augen- und Bartpflege.

Was im Kapitel „Pflege & Hygiene" beschrieben wurde, gilt natürlich ebenfalls für den Senior. Einige alte Bichon frisé mögen die lange Prozedur der Haarpflege nicht mehr so gerne und reagieren teilweise ungehalten. Schneiden Sie die Haare Ihres

Lieblings einfach etwas kürzer, das erleichtert die Pflege. Aufs Baden, Bürsten und Kämmen aber nicht verzichten, auch das kürzere Haarkleid muss regelmäßig gepflegt, Sand und Schmutz ausgebürstet werden. Der alte Bichon frisé muss genauso intensiv und regelmäßig gepflegt werden wie der junge Hund. Auch ein Bichon frisé - Senior muss soll sich in seiner Haut wohlfühlen und möchte noch gepflegt und schick aussehen.

Geriatrischer Check Up

Regelmäßige Vorsorge sollte, je nach Alter des Bichon frisé, ein- bis zweimal im Jahr erfolgen. Sinn und Zweck einer Vorsorgeuntersuchung ist die Prophylaxe, d.h. Krankheiten vorbeugen.

Jährliche Impfungen und Entwurmungen nicht vergessen!

Auch beim Bichon-frisé-Senior sind regelmäßige Impfung (nach Impfplan) und Entwurmungen (alle drei Monate = viermal im Jahr) unerlässlich!
So schützen Sie nicht nur Ihren Hund, sondern vor allem Ihre Familie und sich selbst. Würmer und einige Hundeseuchen sind auch auf den Menschen übertragbar (Zoonosen), z.B. Leptospirose und Tollwut.

Das Futter für den Bichon-frisé-Senior ändert sich

Klinische Studien beweisen signifikante Verbesserungen der Verhaltensattribute älterer Hunde, bei Fütterung einer speziellen Senior - Diät. Nach Angaben der Hersteller soll diese Nahrung vollständig die Bedürfnisse eines alternden und alten Hundes erfüllen. Eine Ernährungsumstellung vom Erhaltungs- auf Seniorfutter, ist für den Bichon frisé ab dem 9. Lebensjahr empfehlenswert

Das Futter für den Senior darf nicht mehr so energiereich sein. Das gilt besonders für bewegungsunfreudige oder hochbetagte Hunde. Energieliefernde Futtermittel sind u. a. geschälter, polierter Reis, Haferflocken, Weizenflocken, Graupen etc. Der Fettgehalt und die Menge müssen besonders für bewegungsunfreudige oder hochbetagte Hunde. gegenüber dem Erhaltungsbedarfs für erwachsene Hunde etwa um 30 % reduziert werden

Die Proteinqualität muss besonders in der Jugend und im Alter sehr hochwertig sein. Fettarmes Fleisch, Hühnerbrust, Putenherzen, gekochte Eier, Magerquark haben einen vorzüglichen biologischen Wert und sind besonders gut zu verdauen.

Futter für alte Hunde sollte einen höheren Rohfasergehalt aufweisen, um gute Muskelbewegungen des Darmes, zum Weitertransport der Verdauungsinhalte (Darmmotilität) zu gewährleisten. Neben unlöslichen Faserstoffen (Zellulose) sind Ballaststoffe wichtig. Möhren z.B. sind reich an Pektinen (Ballaststoffe) und können die Stoffwechselaktivität der lebenswichtigen Darmbakterien positiv beeinflussen. Ballaststoffe vermindern die Belastung des Hundeorganismus mit schädlichen Eiweißabbauprodukten, insbesondere mit Ammoniak.

WICHTIG: Der Kalziumbedarf eines alten Hundes entspricht dem eines erwachsenen. Eine Überversorgung mit Kalzium ist jedoch strikt zu vermeiden! In älteren Hundebüchern steht noch das Gegenteil. Phosphor ist wichtig, aber nicht mehr als 50 mg/kg Körpermasse am Tag. Bei eingeschränkter Nierentätigkeit oder sehr alten Bichon frisé ist eventuell eine weitere Absenkung auf 30 mg/kg Körpermasse am Tag vorteilhaft. Der Rohascheanteil in Seniorenfutter ist ebenfalls verringert. Die Elektrolytversorgung entspricht der eines adulten Hundes. Bei Überversorgung besteht durch zu viel Flüssigkeitsansammlung die Gefahr der Ödemneigung. Wichtig sind leicht lösliche Mineralsalze (für die Körperfunktionen unentbehrlich), damit auch bei herabgesetzter Magensäureproduktion genügend absorbiert werden und in den Körperzellen ankommen. Bei den Spurenelementen ist besonders auf Zink, Jod und Selen zu achten. Wichtig ist, die Zinkversorgung auf etwa 2 mg/kg Körpermasse am Tag, bei normaler Kupferzufuhr, anzuheben.

Alte Hunde benötigen doppelt so hohe Vitaminmengen (außer Vitamin A) wie erwachsene Hunde im Erhaltungsstoffwechsel. Futtersorten mit Leber oder Lebertran sind aufgrund des hohen Vitamin-A-Anteils für alte Hunde nicht geeignet. Alte Hunde benötigen Vitamin A nur in geringen Mengen.

Zusätzliche Gaben kleiner Mengen von Biotin und essentieller Fettsäuren (z.B. Lachsöl, Nussöl) sind von Vorteil. Haut und Haare bleiben hiermit in guter Kondition. Alle vorgenannten Informationen können sie beim Futterkauf zum Vergleich der Herstellerangaben heranziehen. Vergleich Sie genau, Sie wissen ja nun wie wichtig die Umstellung auf ein gutes Senior-Futter für ihren Bichon frisé ist. Nur Wissenschaftler kennen sich in der Ernährung eines Hundes wirklich gut aus. Züchter, Besitzer, Zubehörhändler usw. alle haben IHR Rezept. Solange es dem Bichon frisé dabei gut geht, ist sicherlich alles OK. Der normale Hundehalter ist meist völlig überfordert und resigniert irgendwann.Auf der relativ sicheren Seite können Sie mit einem Senior-Futter mit dem Zusatz „Premium" von bekannten großen Herstellern sein. Viele Firmen halten geeignete Sorten bereit.Wir haben uns für „unseren goldenen Mittelweg" entschieden, 70% Fertigfutter und 30% rohes Frischfleisch in separaten Mahlzeiten. Bei spezifischen Organdysfunktionen, z.B. von Nieren, Leber, Blase, Herz, etc. ist eine diätetische Behandlungsmaßnahme indiziert. Beim Tierarzt sind für alle Fälle spezielle Diät - Futter erhältlich.Nach dem Fressen sollten sie ihrem älteren Bichon einen kleinen Verdauungsschlaf können und erst später Spazieren gehen, oder sportliche Leistungen Ballspielen, etc. abverlangen.

Abschied für immer

Der geliebte Bichon frisé geht über die Regenbogenbrücke

Dieses Thema ist für keinen Bichon-frisé-Besitzer angenehm, aber irgendwann kommt dieser Tag. Ist Ihr Hündchen sehr krank, leidet ständig an starken Schmerzen, kann kaum noch aus eigener Kraft aufstehen und hat Probleme sein Geschäft zu verrichten, ist sein kleines Hundeleben sicherlich sehr schwer.
Ob es für den Hund unter diesen Voraussetzungen noch lebenswert ist, mag ich nicht zu entscheiden, ich bezweifele es aber stark.
Leider können Hunde nicht sprechen, aber speziell der menschenbezogene Bichon frisé kann mit seinen Augen, Gesichtsausdruck und der Körperhaltung viel ausdrücken. Sie müssen nur genau hinsehen, dann werden Sie auch begreifen, was Ihr Bichon frisé ihnen sagen will!
Jeder Besitzer wünscht sich am Tag X, dass sein weißer Liebling in seinen Armen einfach aufhört zu atmen und sanft entschlummert. Einschlafen und nicht wieder Aufwachen, das wäre herrlich. Dieser Wunsch wird aber in den seltensten Fällen erfüllt. Es ist verständlich, dass Sie Ihr Herzenskind nicht so einfach hergeben

möchten, aber wenn es den sein muss, verhalten Sie sich bitte nicht egoistisch! Stellen Sie nicht Ihre eigenen Befindlichkeiten und Verlustängste, sondern die „Lebensqualität" Ihres kleinen Hundes in den Vordergrund. Gerade der liebevolle, über alle Maßen anhängliche Bichon frisé hat es verdient, in Würde friedvoll im Schoß seines geliebten Menschen zu sterben, und nicht elendig zu verenden. Verständnisvolle Tierärzte kommen zu Ihnen nach Hause, ermöglichen so dem Hund seinen erlösenden Weg in vertrauter Umgebung anzutreten. Ist das nicht möglich, bleiben Sie in der Tierarztpraxis bis zu Letzt bei Ihrem Hündchen. Sagen Sie dann nicht „ich kann das nicht", so charakterlos können Sie doch nicht sein? Ihr Bichon frisé hätte Sie nie im Stich gelassen, stehen Sie dann unerschütterlich zu Ihrem Hund!

Ein Hund weiß sehr wohl, dass nun sein Ende gekommen ist. Hunde haben aber keine Angst vor dem Tod. Sprechen Sie beim Lebewohlsagen liebevoll, in einer gedämpften Stimme mit Ihren sterbenden Bichon frisé. Werden Sie nicht hysterisch, laut oder schrill. Erzählen Sie Ihrem kleinen Kameraden, wie glücklich die gemeinsame Zeit war. Nehmen Sie Abschied, lassen Sie sich Zeit, keiner drängt Sie.

Sehen Sie Ihrem kleinen Hund beim Sprechen in die Augen. Schauen Sie nur genau hin! Der Augenausdruck eines sterbenden Bichon frisé spricht Bände. Auch er nimmt Abschied, ist dankbar, dass Sie auch jetzt! bei ihm sind. Seine ganze Hundeliebe zu Ihnen spiegelt sich in seinen Augen wider. Meist besteht sein letzter Liebesdienst darin, seinem geliebten Menschen die Hände zu lecken, er sagt leise „Adieu"

Lassen Sie Ihren geliebten Bichon frisé über die Regenbogenbrücke gehen!

Den toten Körper Ihres Hundes können sie beim Tierarzt lassen, er kümmert sich dann um den Rest. Leider bedeutet der Rest Tierkörperbeseitigungsanlage. Was dort mit Ihrem Liebling geschieht, beschreibe ich besser nicht, das erspare ich Ihnen und mir.

Glücklich kann sich schätzen, wer über einen Garten verfügt. Das bundesweit gültige „Tierkörperbeseitigungsgesetz" muss jedoch auch im eigenen Garten beachtet werden.

Sie dürfen Ihren Hund nur begraben, wenn das Grundstück nicht in einem Wasserschutzgebiet liegt und das Grab 1-2 m von öffentlichen Wegen entfernt ist. Der

Leichnam muss von einer mindestens 80 Zentimeter hohen Erdschicht bedeckt sein und sollte in leicht verrottbaren Material (nicht Plastik) wie zum Beispiel einer Stoffdecke oder einen Pappkasten etc. beerdigt werden. Informieren Sie sich vorher beim zuständigen Amt, viele Tierärzte wissen auch Rat.

Seit einiger Zeit verfügen wir auch in Deutschland über Tierkrematorien, auf Wunsch wird der Hund bei Ihnen oder dem Tierarzt abgeholt und eingeäschert. Wenn Sie möchten, erhalten Sie dann eine schöne Urne mit der Asche Ihres Hündchens zurück. Sehen Sie doch mal ins Internet unter *http://www.kleintierkrematorium.de*

In fast allen Städten gibt es heute Tierfriedhöfe. Egal ob Erdbestattung oder Urnenbeisetzung, alles ist möglich. Besuchen Sie so einen Tierfriedhof in Ihrer Nähe. Sie werden mit Freude feststellen, wie liebevoll die Gräber gepflegt werden. Das zeugt davon, wie wichtig und beruhigend es für viele Menschen ist, ihr geliebtes Tier an einem schönen Ort zu wissen.

Natürlich ist die Art der Beseitigung eines toten Hundekörpers Ansichtssache.

Jeder Besitzer muss für sich den richtigen Weg finden, auch das schönste Grab kann Ihren Liebling nicht zurückbringen. Der finanzielle Aspekt ist natürlich ebenfalls ausschlaggebend, die Wenigsten können sich eine teuere Erdbestattung (um die 800 Euro) auf einem Tierfriedhof leisten, deshalb haben die Besitzer ihren Hund sicherlich nicht weniger geliebt.

Nie wieder einen Hund!?

Über viele Jahre haben Sie Ihrem Bichon frisé ein angenehmes Leben in einem fürsorglichen Zuhause ermöglicht und ihm Ihre Liebe gegeben. Nach seinem Tod haben Sie vielleicht sogar das Gefühl eine „Bürde" los zu sein und fühlen sich nicht mehr so gebunden. Oder Sie empfinden nur unendliche Trauer über den Verlust Ihres kleinen Freundes. Sie durchleben ein Wechselbad der Gefühle. Außenstehende belächeln Sie möglicherweise, Fremde können nicht verstehen, dass Sie wegen eines Hundes so ein „Theater" veranstalten. Doch Sie dürfen traurig sein! Der Verlust Ihres kleinen vertrauten Hündchens schmerzt. Wenn es an der Zeit ist, wird Ihr Schmerz leichter, unter Umständen wächst langsam der Wunsch nach einem neuen kleinen Bichon frisé.

Aus eigener Erfahrung kann Ich Ihnen nur empfehlen, trotz Ihrer Niedergeschlagenheit über den Verlust Ihres langjährigen Kameraden, sich einen neuen Lebensgefährten anzuschaffen. Natürlich werden Sie Ihren davongegangenen Liebling nie vergessen, das sollen Sie auch gar nicht, aber ein lebhafter und neugieriger Welpe „schreit" förmlich nach Ihrer Aufmerksamkeit. Mit 100%iger Sicherheit bringt das kleine Kerlchen Sie auf andere Gedanken und füllt Haus und Garten wieder mit Leben! Nehmen Sie doch Kontakt mit einem seriösen Züchter auf. Vielleicht wartet irgendwo ein kleiner Bichon frisé NUR auf Sie?

NEUMANNS Hundebücher:

Zu jedem Hund das passende Buch. Mit derzeit rund 60 Titeln zu den verschiedensten Hunderassen geben die Buchreihen von Neumann-Neudamm in Wort und Bild Auskunft über Geschichte, Rassestandards, Verhalten, Anschaffung, Welpenaufzucht, Erziehung, Pflege, Ernährung und Gesundheit.
Mit vielen praktischen Tipps gehören diese Bücher in die Hände aller, die einen Rassehund ihr eigen nennen, oder mit dem Gedanken spielen, sich einen anzuschaffen.